Berichte aus dem
Institut für Umformtechnik
der Universität Stuttgart
Herausgeber: Prof. Dr.-Ing. K. Lange

65

Khang Hoang-Vu

Möglichkeiten und Grenzen des Kaltgesenkschmiedens als eine fertigungstechnische Alternative für kleine, genaue Formteile

Mit 62 Abbildungen und 5 Tabellen

Springer-Verlag
Berlin Heidelberg New York 1982

Dipl.-Ing. Khang Hoang-Vu
Institut für Umformtechnik
Universität Stuttgart

Dr.-Ing. Kurt Lange
o. Professor an der Universität Stuttgart
Institut für Umformtechnik

D 93

ISBN-13:978-3-540-11876-3 e-ISBN-13:978-3-642-81916-2
DOI: 10.1007/978-3-642-81916-2

Gesamtherstellung: DRUCK + *WERBUNG* · DRUCKSACHENVERTRIEBSGESELLSCHAFT m.b.H.
Hoffeldstraße 206E · 7000 Stuttgart 70 (Degerloch) · Telefon (0711) 721526

2362/3020–543210

GELEITWORT DES HERAUSGEBERS

Die Umformtechnik zeichnet sich durch sehr gute Werkstoffauswertung und hohe Mengenleistung in der Serienfertigung gegenüber anderen Fertigungsverfahren aus, wobei Beibehaltung der Masse, Änderung der Festigkeitseigenschaften während eines Vorgangs und elastische Rückfederung der Werkstücke nach einem Vorgang wesentliche Merkmale sind. Weiter sind die benötigten Kräfte, Arbeiten und Leistungen sehr viel größer als z.B. bei spanenden Verfahren. Die sichere Beherrschung eines Verfahrens in der industriellen Fertigung und die zunehmende Forderung nach Vermeidung bzw. Minimierung spanender Nacharbeit erzwingen die geschlossene Betrachtung des Systems "Umformende Fertigung" unter zentraler Berücksichtigung plastizitätstheoretischer, werkstoffkundlicher und tribologischer Grundlagen.

Das Institut für Umformtechnik der Universität Stuttgart stellt entsprechend Forschung und Entwicklung zum einen auf die Erarbeitung von Grundlagenwissen in diesen Bereichen ab, zum anderen untersucht und entwickelt es Verfahren unter Anwendung spezieller Meßtechniken mit dem Ziel einer genauen quantitativen Ermittlung des Einflusses der Parameter von Vorgang, Werkstoff, Werkzeug und Maschine. Die Behandlung von Problemen des Maschinenverhaltens, der Maschinenkonstruktion sowie der Werkzeugauslegung und -beanspruchung, der Auswahl hochbeanspruchbarer, verschleißfester Werkzeugbaustoffe und schließlich der Tribologie gehört entsprechend ebenfalls zum Arbeitsgebiet, das durch die Erfassung organisatorischer und betriebswirtschaftlicher Fragen abgerundet wird.

Im Rahmen der "Berichte aus dem Institut für Umformtechnik" erscheinen in zwangloser Folge jährlich mehrere Bände, in denen über einzelne Themen ausführlich berichtet wird. Dabei handelt es sich vornehmlich um Abschlußberichte von Forschungsvorhaben, Dissertationen, aber gelegentlich auch um andere Texte. Diese Berichte sollen den in der Praxis stehenden Ingenieuren und Wissenschaftlern zur Weiterbildung dienen und eine Hilfe bei der Lösung umformtechnischer Aufgaben sein. Für die Studierenden bieten sie die Möglichkeit zur Vertiefung der Kenntnisse. Die seit

zwei Jahrzehnten bewährte freundschaftliche Zusammenarbeit mit dem Springer-Verlag sehe ich als beste Voraussetzung für das Gelingen dieses Vorhabens an.

Kurt Lange

Vorwort

Die vorliegende Arbeit entstand während meiner Tätigkeit am Institut für Umformtechnik der Universität Stuttgart.

Meinem geehrten Lehrer, Herrn Professor Dr.-Ing. K. Lange, danke ich sehr herzlich für seine großzügige Förderung, seine stete Unterstützung und zahlreichen Anregungen während der Durchführung der Arbeit.

Für das entgegengebrachte Interesse und die eingehende Durchsicht der Dissertation bin ich Herrn Professor Dr.-Ing.Dr.h.c. H. Stabe sehr dankbar.

Ich möchte ebenfalls meinen aufrichtigsten Dank Herrn Dipl.-Ing. E. Dannenmann für Ratschläge und kritische Diskussionen sowie Herrn Dr.-Ing. K. Pöhlandt für die Durchsicht der Arbeit aussprechen.

Mein Dank gilt ferner den Mitarbeiterinnen, Mitarbeitern und Studenten des Instituts für Umformtechnik, die zum Gelingen der Arbeit beigetragen haben.

Die Mittel zur Durchführung der Untersuchung wurden von der Deutschen Forschungsgemeinschaft und der Carl Schneider-Stiftung zur Verfügung gestellt. Für diese Förderung bin ich gleichfalls zu Dank verpflichtet. Für weitere Unterstützungen sei den Firmen Otto Fuchs, Meinerzhagen, Gesenkschmiede Schneider, Aalen, Metallgesellschaft AG, Frankfurt /M., Pfaff GmbH, Kaiserslautern, Fr. Henning, Metzingen sowie Klüber Lubrication KG, München, gedankt.

Stuttgart, Januar 1982

Khang Hoang-Vu

Inhaltsverzeichnis

Verzeichnis der wichtigsten Abkürzungen

Allgemeine Zeichen

A	%	Bruchdehnung
A_g	%	Gleichmaßdehnung
A_5	%	Bruchdehnung eines proportionalen Stabes
A	mm²	Fläche
b	mm	Gratbahnbreite
B	mm	Breite
C	N/mm²	Fließspannung bei $\varphi = 1{,}0$
d	mm	Durchmesser
F	N	Kraft
h	mm	Höhe
h_s	mm	Steighöhe
k	N/mm²	Schubfließgrenze
k_f	N/mm²	Fließspannung
K	-	Konstante
l	mm	Länge
m	kg	Masse
n	-	Verfestigungsexponent
p	N/mm²	Kontaktnormalspannung
P	Nm/s, J	Leistung
r	mm	Radius
R	mm	Werkstückradius
R_m	N/mm²	Zugfestigkeit
$R_{p0,2}$	N/mm²	Dehngrenze
s	mm	Gratdicke, Dicke, Weg
T	° C, K	Temperatur
v	mm/s	Geschwindigkeit
V	mm³	Volumen
Z	%	Brucheinschnürung
X	mm	Abstand
α	grd	Winkel
Δm	%	Werkstoffüberschuß
$\Delta HB, \Delta HV$	%	Härteänderung
ε	-	Formänderung
$\dot{\varepsilon}$	1/s	Formänderungsgeschwindigkeit

μ	-	Reibzahl
ξ	%	Haftmaß
σ	N/mm^2	Spannung
τ	N/mm^2	Schubspannung
φ	-	Umformgrad

Indizes

ber	berechnet
gem	gemessen
ges	Gesamt-
gr	Grat
G	Gravur
m	mittlere
max	maximal
n	Normal
0	Anfangs-
r	in r-Richtung
rel	relativ
R	Reibung
S	Scherung
U	Umformung
V	Vergleichs
W	Werkzeug
z	in z-Richtung
Z	Zapfen
x	in x-Richtung
I, II, III	Bereiche der Umformzone

Abkürzungen

DMS	Dehnungsmeßstreifen
FEM	Finite-Elemente-Methode

0 Einleitung

Allgemeine Vorbemerkungen

Das Gesenkschmieden (Formpressen mit Grat, Gesenkformen) von Stahl ist eines der wichtigsten Umformverfahren, vor allem zur Erzeugung hochbeanspruchbarer Maschinen- und Fahrzeugteile bei erhöhten Temperaturen.

Das Warmgesenkschmieden ist durch eine Reihe von Vorteilen wie günstige Bauteileigenschaften, hohe Produktivität und gute Werkstoffausnutzung sowie durch ein großes Formenspektrum gekennzeichnet. Trotz dieser Vorzüge weist das Verfahren einige wesentliche Nachteile auf, z. B.

- die unbefriedigende Maßgenauigkeit infolge Zunder, Schwindung und Verzug sowie die mangelhafte Oberflächenqualität nach dem Entzundern durch Strahlen oder Beizen,
- die durch die Randentkohlung herabgesetzte Schwingfestigkeit der Werkstücke,
- die hohen anteiligen Werkzeugkosten, bedingt durch die zusätzliche thermische Beanspruchung der Werkzeuge und als Folge
- die geringe Lebensdauer der Gesenke,
- der hohe Energieverbrauch für das Erwärmen der Ausgangsteile und der Gesenke sowie
- die zusätzliche Umweltbelastung durch Hitze- und Rauchentwicklung am Arbeitsplatz.

Nennenswerte technologische Verbesserungen des Warmgesenkschmiedens in Richtung auf einbaufertige Werkstücke sind nur auf speziellen Gebieten und bei bestimmten Geometrien möglich und wirtschaftlich sinnvoll, z. B. für das Präzisionsschmieden von Verzahnungsteilen und Turbinenschaufeln.

Durch das in jüngster Zeit mehrfach untersuchte "Halbwarm-Umformen" können die Maßgenauigkeit und die Oberflächengüte der Werkstücke, gemessen am Warmumformen, verbessert werden. Es ist aber bis jetzt noch nicht allgemein gelungen, ausrei-

chende Standmengen der Werkzeuge zu erreichen.
Bei Schmiedestücken mit einer Stückmasse $m < 0{,}1$ kg ist wegen der kleinen Masse und der damit verbundenen starken Abkühlung bei längeren Druckberührzeiten das Warmgesenkschmieden auf Pressen wirtschaftlich nicht durchführbar. Deshalb werden derartige kleine Gesenkschmiedestücke meist auf Hämmern warmgeschmiedet, trotz aller damit verbundenen Nachteile.

Durch Formpressen mit Grat bei Raumtemperatur (Kaltgesenkschmieden) können diese Teile bei geeigneter Geometrie auf Pressen ohne die genannten Nachteile hergestellt werden. Über Anwendungsmöglichkeiten des Kaltgesenkschmiedens wurde bereits berichtet [1].
Als Werkstoffe für das Kaltgesenkschmieden kommen aus verschiedenen Gründen neben Stählen auch Nichteisenmetalle, insbesondere Aluminium- und Kupferlegierungen, in Betracht.

Verfahrensvorteile und auftretende Probleme

Ein wesentlicher Vorteil des Kaltgesenkschmiedens gegenüber dem Warmgesenkschmieden wird darin gesehen, daß die Werkstücke infolge Kaltverfestigung ohne zusätzliche Wärmebehandlung eine erhöhte Festigkeit und Härte aufweisen. Dieser Vorteil kann auch dazu genützt werden, daß bei gleicher Endfestigkeit des Werkstückes ein Werkstoff niedrigerer Ausgangsfestigkeit mit niedrigerem Preis verwendet werden kann. Bei Verwendung desselben Ausgangswerkstoffes kann das durch Kaltgesenkschmieden hergestellte Werkstück vergleichsweise höher belastet werden als das durch Warmgesenkschmieden gefertigte Teil. Bei gleicher Belastung kann das kaltgeschmiedete Bauteil leichter ausgelegt werden.
Die kaltgeschmiedeten Teile sind nach dem Abgraten teils einbaufertig, teils bedürfen sie nur geringfügiger Nacharbeit, so daß der durch Schmieden erzielte günstige Faserverlauf beibehalten werden kann.
Die erreichbaren Fertigungstoleranzen (zwischen I T 8 und I T 12) und Oberflächenqualitäten sind mit denen des Kaltfließpressens vergleichbar.

Den erwähnten Vorteilen stehen folgende Nachteile gegenüber:

- Hohe mechanische Werkzeugbelastung infolge hoher Anfangsfließspannung und Kaltverfestigung des Werkstückwerkstoffes,
- hohe absolute Umformkräfte, kapitalintensive Maschinen (Pressen)
- geänderter Werkstofffluß und geänderte Formfüllung infolge anderer Reibungsverhältnisse gegenüber dem Warmgesenkschmieden und
- Gefahr des Werkstoffübertrags zwischen Werkstück und Werkzeug (Kaltverschweißung).

1 Stand der Erkenntnisse

Durch Anwendung der Fertigungsverfahren nach DIN 8583 lassen sich Werkstücke durch Stauchen, Fließpressen, Verjüngen und Prägen bei Raumtemperatur herstellen. Die Grundlagen dieser Technologien sind weitgehend auf wissenschaftlicher Basis erarbeitet und verfügbar [2, 3, 4]. Demgegenüber wurde bisher das Kaltgesenkschmieden weder für gedrungene und scheibenförmige Teile noch für Langformteile mit gerader und gekrümmter Hauptachse untersucht. Forschungsergebnisse über das Gesenkschmieden von Stahl und Aluminiumlegierungen bei Raumtemperatur lagen zu Beginn der Untersuchung nicht vor. Hier fehlten vor allem quantitative Daten über den Werkstofffluß, die Spannungen sowie über die erforderlichen Umformkräfte.

Ergebnisse von Arbeiten über das Warmgesenkschmieden [5 bis 14] können wegen geänderter Randbedingungen nicht ohne Einschränkungen auf das Kaltgesenkschmieden angewandt werden. Diese Einschränkungen gelten wegen der gegenüber dem Warmgesenkschmieden unterschiedlichen Reibungsverhältnisse, Oberflächenbehandlung und -beschaffenheit, der niedrigen Temperatur, der höheren Anfangsfließspannung und der Kaltverfestigung des Werkstückwerkstoffes.
Auch eine Übertragung der bisher bekannten Richtlinien für die Gestaltung des Gratspalts auf das Kaltgesenkschmieden ist daher nur bedingt möglich [6, 15 bis 23].

2 Zielsetzung

Ziel dieser Arbeit ist es, durch experimentelle und theoretisch-rechnerische Untersuchungen die noch bestehenden Lücken im Kenntnisstand über das Kaltgesenkschmieden von Stahl und Aluminiumlegierungen zu schließen und Grundlagen für die Anwendung des Verfahrens in der Praxis zu erarbeiten.

Experimentelle Untersuchungen

In Schmiedeversuchen sollen geklärt werden, wie sich Ausgangsform, Werkstoffeinsatzmasse, Gratbahngeometrie und Schmierung auf den Kraftbedarf, die Werkzeugbelastung, die Gravurfüllung, den Werkstoffüberschuß sowie auf die mechanischen Eigenschaften des Werkstückes auswirken. Die gewonnenen Erkenntnisse sollen die Möglichkeiten und Grenzen des Kaltgesenkschmiedens aufzeigen.

Die hohe Anfangsfließspannung und Kaltverfestigung des Werkstückwerkstoffes gelten hinsichtlich der Werkzeugbeanspruchung und Kraftbedarf als ein Nachteil des Kaltgesenkschmiedens. Zur Beurteilung des möglichen Einsatzes eines Werkstoffes und zur Festlegung des Fertigungsablaufs wird seine Fließkurve herangezogen. Sie soll Auskunft über die Umformbarkeit und -festigkeit geben und die Fertigungsschritte sowie das ggf. notwendige Zwischenglühen bestimmen. Die Fließkurven der Versuchswerkstoffe werden daher im Stauchversuch aufgenommen.

Die Steigerung der mechanischen Eigenschaften des Werkstoffes wie Härte und Streckgrenzenwerte durch Kaltgesenkschmieden sowie die räumliche Verteilung der Härte im Werkstückinnern werden ermittelt. Hieraus wird über den experimentell zu bestimmenden Zusammenhang zwischen Härte und Streckgrenze die örtliche Festigkeit des Kaltschmiedeteils berechnet.

Beim Kaltgesenkschmieden besteht die Gefahr von Kaltverschweißungen. Die Erprobung verschiedener Schmierstoffe und Oberflächenbehandlungen im Schmiedeversuch und die Ermittlung der entsprechenden Reibzahlen mit Hilfe von Ringstauchversuchen sollen die Eignung der einzelnen Schmierstoffe hinsichtlich Kaltverschweißung, Formfüllung, Kraftbedarf usw. bestimmen.

Der Werkstofffluß und die Formfüllung unterscheiden sich wegen anderer Reibungsverhältnisse von den Bedingungen beim Warmgesenkschmieden. Daher sollen visioplastische und rechnerische Stoffflußuntersuchungen den Werkstofffluß und den Füllvorgang klären. Diese Angaben sind außerdem für die rechnerische Behandlung des Kaltgesenkschmiedens von Bedeutung, da zumindest qualitativ sinnvolle Annahmen über Form und Größe der Umformzone getroffen werden müssen.

Eines der Probleme bei der Anwendung des Kaltgesenkschmiedens ist die hohe mechanische Werkzeugbeanspruchung. Sie soll durch Optimierung der Verfahrensparameter in vertretbaren Grenzen gehalten werden. Um Zahlenwerte der Beanspruchung zu erhalten sowie die Auswirkung der einzelnen Optimierungsmaßnahmen zu ermitteln, werden die senkrecht zur Werkzeugoberfläche wirkenden Kontaktnormalspannungen mit noch zu entwickelnden Meßstiften und Meßscheiben (Sensoren) gemessen.

Der Größtwert der Umformkraft tritt beim Gesenkschmieden stets am Ende des Schmiedevorgangs auf, wenn der Werkstoffüberschuß in den Gratspalt gepreßt wird. Die Kenntnis dieses Größtwertes ist für die Durchführung des Verfahrens sowie für die Wahl der geeigneten Umformmaschine unentbehrlich; dieser Wert stellt außerdem ein integrales Maß für die Werkzeugbelastung dar und dient auch zur Überprüfung der Berechnungsverfahren.
Da beim Kaltgesenkschmieden mit Umformkräften gerechnet werden muß, die unter Umständen etwa doppelt so hoch werden können wie beim Warmgesenkschmieden, stellen sie gleichzeitig eine Verfahrensgrenze des Kaltgesenkschmiedens dar. Sie müssen deshalb durch Variieren der Verfahrensparameter herabgesetzt werden.

Die zur Durchführung der Versuche notwendigen Werkzeuge sollen entsprechend der theoretischen Analysis und den Erfahrungen beim Werkzeugbau beim Kaltfließpressen konstruiert werden.

Theoretische Untersuchungen

Theoretisch abgesicherte Erkenntnisse über das Kaltgesenkschmieden von Stahl und Aluminiumlegierungen waren bis zum Zeitpunkt nicht bekannt. Es ist daher ein wesentliches Ziel dieser Arbeit, zu überprüfen, ob und inwieweit die vom Warmgesenkschmieden her bekannten Gesetzmäßigkeiten zur rechnerischen Ermittlung des Kraftbedarfs und der Werkzeugbeanspruchung sowie zur Gestaltung des Gratspalts durch Berücksichtigung entsprechender Randbedingungen auf das Kaltgesenkschmieden übertragen werden können.

Untersucht werden die Berechnungsverfahren nach Siebel [24, 25], Stöter [5], die Streifentheorie (elementare Plastizitätstheorie) sowie das Verfahren der oberen Schranke und die Finite-Elemente-Methode (von Misessche Plastizitätstheorie). Zur Durchführung der Berechnungen werden Rechenprogramme entwikkelt, die über die untersuchten Werkstückformen hinaus universal einsetzbar sind.

Mit Hilfe der genannten Plastizitätstheorien werden die Schmiedevorgänge theoretisch erfaßt und der experimentellen Analysis gegenübergestellt.

Außerdem werden die bisher beim Warmgesenkschmieden bekannten Richtwerte für die Gestaltung des Gratspalts auf ihre Anwendbarkeit für das Kaltgesenkschmieden überprüft.

3 Bestimmung von Werkstoff- und Vorgangskennwerten

3.1 Fließkurven der Versuchswerkstoffe

Unter der Fließspannung k_f wird die Spannung verstanden, die notwendig ist, bei dem augenblicklichen Umformgrad plastisches Fließen eines Werkstoffes einzuleiten bzw. aufrechtzuerhalten. Die Fließspannung ist in erster Linie von den Eigenschaften des Werkstoffes im plastischen Zustand und von dem Umformgrad φ, der Umformgeschwindigkeit $\dot{\varphi}$, der mittleren Spannung σ_m, der Umformtemperatur T sowie von der Anisotropie des Werkstoffes abhängig.
Die Fließspannung ist eine maßgebende Kenngröße bei der Werkstoffauswahl und eine notwendige Voraussetzung für jedes Berechnungsverfahren zur Ermittlung der Werkzeugbeanspruchung und des Kraftbedarfs. Die Darstellung der Fließspannung über dem Umformgrad ergibt die Fließkurve.
Für die Belange der Massivumformung dienen drei Grundversuche zur Aufnahme der Fließkurven: Zug-, Stauch- und Torsionsversuch. Der am meisten angewendete ist der Stauchversuch. Er erlaubt die Aufnahme von Fließspannungen auch bei höheren Umformgraden, da das Umformvermögen eines Werkstoffes mit wachsendem hydrostatischem Druck ansteigt. Der Stauchversuch kann außerdem die Formänderungsverhältnisse bei Schmiedevorgängen, die vorwiegend von Druckspannungen beherrscht sind, am besten wiedergeben.
Kreiszylindrische Stauchproben wurden zwischen plan, parallelen Stauchbahnen von der Ausgangshöhe auf die Endhöhe kontinuierlich gestaucht. Je nach Abmessung des Ausgangsmaterials wurden Proben der Abmessung Ø 10 mm x 16 mm, Ø 7,5 mm x 12 mm und Ø 6,25 mm x 10 mm angewendet. Das wegen der Reibung an den Probenstirnflächen günstige Höhe/Durchmesser-Verhältnis von 1,6 wurde stets beibehalten. Die Stauchproben wurden wie die später beim Kaltgesenkschmieden verwendeten Ausgangsteile weichgeglüht und bei Raumtemperatur gestaucht.
Es gilt als nachgewiesen, daß die Fließspannung von Stahl bei Raumtemperatur von der Umformgeschwindigkeit $\dot{\varphi}$ praktisch unabhängig ist [26, 27]. Ein möglicher Geschwindigkeitseinfluß bei Aluminiumlegierungen kann darauf zurückgeführt werden,

daß die Umformung nicht mehr isotherm abläuft, weil die Umformwärme die Probetemperatur anhebt [27].
Die Fließkurvenaufnahme wurde, wie das Kaltgesenkschmieden, in einer hydraulischen Presse (Fabrikat Losenhausen, Typ UHP 40 Mp, Stößelgeschwindigkeit beim Stauchen 0,4 mm/s) durchgeführt. Die Fließkurven sind in den Bildern 1 a) bis c) und in der Tabelle 1 explizit dargestellt. Die Numerierung der Kurven weist auf die Anlieferungsquerschnitte hin.
Bei gleichem Höhe/Durchmesser-Verhältnis konnte kein Einfluß der Probengröße auf die Fließspannung festgestellt werden (s. dazu [28]). Auch die Schmierung der Probenstirnflächen mit Maschinenöl, MoS_2-Spray oder PTFE-Spray brachte keine meßbare Abweichung zu den mit Trichloräthylen entfetteten Proben. Nennenswerte Abweichungen ergaben sich lediglich bei unterschiedlichen Stabdurchmessern des Ausgangsmaterials (Ck 15). Trotz gleicher Wärmebehandlung wiesen die Stauchproben aus Ø 40 mm - Stab bei $\varphi = 0{,}02$ eine um ca. 16 % höhere Fließspannung als die aus Ø 30 mm-Stab auf (Bild 1 a). Auch bei den Aluminiumlegierungen wurden geringfügige Abweichungen in der Fließspannung zwischen Proben aus Ø 50 mm-Stab und aus 20 mm x 50 mm-Vierkantstab, die bereits weichgeglüht angeliefert waren, festgestellt (Bild 1 c). Ein Grund dafür könnten die unterschiedlichen Vorumformungen (z. B. Strangpressen mit unterschiedlichen Umformgraden) gewesen sein.
Die meisten der aufgenommenen Fließkurven ergaben in doppeltlogarithmischer Darstellung keine Geraden. Die explizite Form $k_f = C \cdot \varphi^n$ ist eine durch lineare Regression errechnete Annäherung.
Die Stauchproben wurden auf die Hälfte der Ausgangshöhe gestaucht; das entspricht dem Umformgrad $\varphi = 0{,}7$. Dieser Umformgrad erschien aber für das Kaltgesenkschmieden nicht ausreichend. Erfahrungsgemäß ist es zulässig, die Fließkurven über den untersuchten Bereich hinaus bis $\varphi = 1{,}0$ zu extrapolieren.

Versuche mit Stauchproben nach Rastegaev [29] (Bild 2) ermöglichten die Fließkurvenaufnahme sogar bis $\varphi = 1{,}3$. Dabei handelt es sich um Proben, die auf den Stirnflächen flache, mit Paraffin ausgefüllte Ausdrehungen vorweisen. Beim Stauchen blieben sie bis $\varphi \approx 1{,}3$ zylindrisch, so daß die Annahme eines einachsigen

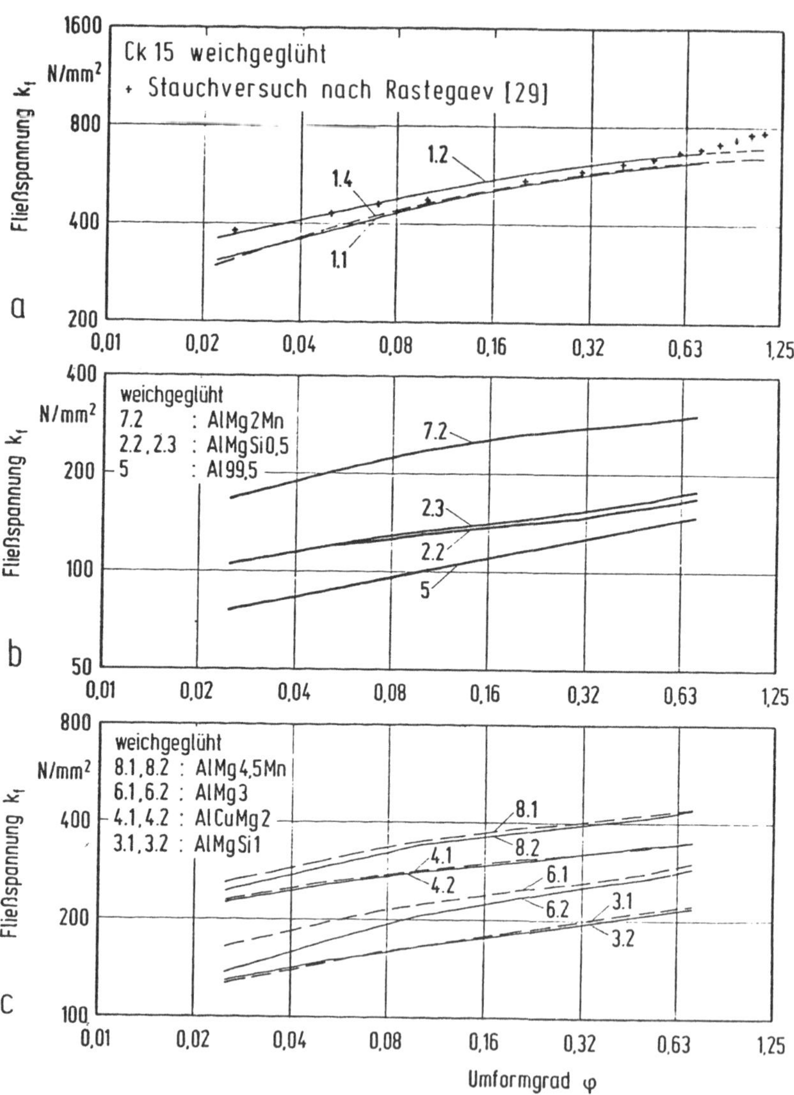

Bild 1 a-c : Fließkurven der Versuchswerkstoffe

	Nr.	Werkstoff	Ausgangs-querschnitt	Werkstoff-zustand	Stauch-probe	$k_f = C \cdot \varphi^n$		k_{f0}*
						C	n	
						N/mm²	-	N/mm²
	1.1	Ck 15	Ø 30 mm	w	A/l	698,3	0,1981	312,5
	1.2		Ø 40 mm	w	A/l	734,0	0,1767	320,0
	1.3		8 mm x 30 mm	a	B/l,q	752,3	0,1769	355,0
	1.4		8 mm x 30 mm	w	B/l,q	697,6	0,1987	330,0
aushärtbar	2.1	AlMgSi 0,5	Ø 30 mm	w	A/l	183,4	0,2073	60,0
	2.2		Ø 40 mm	a	A/l	350,8	0,1598	140,0
	2.3		Ø 40 mm	w	A/l	201,0	0,1683	52,5
	2.4		8 mm x 30 mm	a	B/l,q	291,7	0,1160	142,5
	2.5		8 mm x 30 mm	w	B/l,q	174,4	0,1317	62,5
	3.1	AlMgSi 1	Ø 40 mm	w	A/l	238,3	0,1640	75,0
	3.2		20 mm x 50 mm	w	A/l	231,9	0,1522	82,5
	3.3		Ø 40 mm	lw	A/l	419,5	0	390,0
	4.1	AlCuMg 2	Ø 40 mm	w	A/l	365,6	0,1186	145,0
	4.2		20 mm x 50 mm	w	A/l	366,2	0,1235	135,0
	4.3		-"-	lk	A/l	768,2[x]	0,1108[x]	110,0[x]
nichtaushärtbar	5	Al 99,5	Ø 30 mm, Ø 40 mm	w	A/l	143,9	0,1690	47,5
	6.1	AlMg 3	Ø 40 mm	w	A/l	318,5	0,1666	95,0
	6.2		20 mm x 50 mm	w	A/l	316,1	0,2079	70,0
	7.1	AlMg 2 Mn	Tafel, s=12 mm	a	A/l,q	331,7	0,1343	132,5
	7.2		-"-	w	A/l,q	332,5	0,1699	97,5
	8.1	AlMg 4,5 Mn	Ø 40 mm	w	A/l	475,0	0,1503	182,5
	8.2		20 mm x 50 mm	w	A/l	470,4	0,1632	177,5

Nr.	Werksto
1.1	Ck 15
1.2	
3.1	AlMgSi
3.2	
3.3	
4.1	AlCuMg
4.2	
4.3	
5	Al 99,
6.1	AlMg 3
6.2	
8.1	AlMg 4
8.2	

w: weichgeglüht
a: Anlieferungszustand
lk: kaltausgelagert
lw: warmausgelagert

A: Ø 10 mm x 16 mm
B: Ø 6,25 mm x 10 mm

l: längs
q: quer zur Walz- bzw. Preßrichtung

+: Anhalt
*: Mittel
x: gilt n
(): Angabe herste

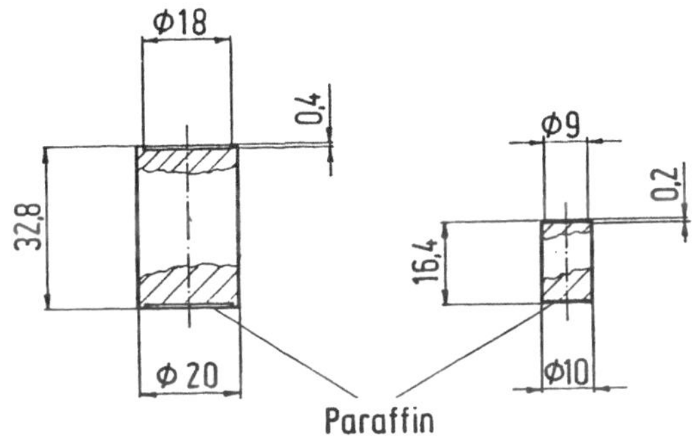

Bild 2: Stauchproben nach Rastegaev [29]

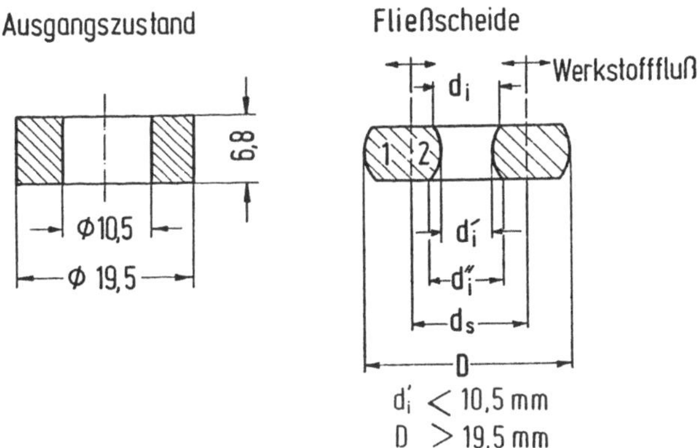

Bild 3 : Ringstauchproben

Spannungszustands gerechtfertigt war (siehe hierzu [30] und Abschnitt 5.7.2). Im Bereich $0 < \varphi < 0{,}7$ gab es keine große Abweichung zwischen den beiden Probentypen. Lediglich im Bereich $0{,}7 < \varphi < 1{,}1$ lieferten die Proben nach [29] etwas höhere Werte als die Extrapolation.

3.2 Mechanische Eigenschaften der Versuchswerkstoffe

3.2.1 Werkstoffkennwerte aus dem Zugversuch

Die Ermittlung der Festigkeits- und Zähigkeitskennwerte der Ausgangswerkstoffe erfolgte im Zugversuch gemäß DIN 50145. In der Tabelle 1 sind die erhaltenen Werte zusammengestellt.

3.2.2 Härte

Die Härte wurde an polierten Querschnitten der Ausgangsteile bzw. der Schmiedeteile ermittelt. Für den Stahl Ck 15 wurde die Härteprüfung nach Vickers gemäß DIN 50133 mit einer Prüflast von 50 N (HV 5) durchgeführt. Für die Aluminiumlegierungen wurde dagegen die Härteprüfung nach Brinell gemäß DIN 50351 mit einer Prüflast von 62,5 Kp gewählt, zum Teil auch die Kleinlasthärte HV 0,3.

3.3 Ermittlung der Reibzahlen

Die Berechnung der Umformkräfte und der Spannungen ist bei allen Berechnungsverfahren nicht nur an die Kenntnis der Fließspannung, sondern auch an die des Reibverhaltens zwischen Werkstück und Werkzeug gebunden. Dieses Verhalten wird durch die Reibzahl gekennzeichnet, die jedoch oft grob geschätzt wird, was bei der Berechnung der Umformkräfte und der Spannungen eine große Unsicherheit ergibt.
Der Verlust an Energie infolge der während eines Umformvorgangs auftretenden Reibung kann, z. B. beim Stauchen von flachen Proben, bis zu 90 % der für die Umformung erforderlichen Gesamtenergie betragen. Abgesehen von einigen Ausnahmen, wie

z. B. Walzen, wobei gewisse Mindestreibkräfte gefordert werden, besteht in der Umformtechnik das Bestreben, die Reibung und damit den Energieverlust sowie den Werkzeugverschleiß möglichst klein zu halten.
Im Gegensatz zur Lagerreibung, bei der die Reibpartner über ihre ganze Einsatzdauer elastisch bleiben oder z. T. nur örtlich an den Rauheitsspitzen plastisch verformt werden, befindet sich bei einem Umformvorgang ein Reibpartner im plastischen Zustand. Die Reibfläche kann dabei, z. B. beim Schmieden, während des Umformvorgangs stetig zunehmen (werkstückseitig). Die Reibung muß deshalb durch Schmierung den besonderen Anforderungen der einzelnen Umformverfahren, hinsichtlich der Reibschubspannung, der Oberflächenbeschaffenheit von Werkzeug und Werkstück, der werkstückseitigen Oberflächenvergrößerung und des möglichen Werkstoffübertrags zwischen Werkzeug und Werkstück, angepaßt werden.
Genaue Aussagen über die Reibverhältnisse können nur durch experimentelle Bestimmung der Reibzahl gemacht werden. Hierfür gibt es eine Reihe von Verfahren, die auf dem Prinzip des Streifenziehversuchs [31] beruhen. Daneben arbeiten auf der Basis des Stauchens der Stauchversuch nach [32] und der Ringstauchversuch [33 bis 37]. Wegen seines weit verbreiteten Einsatzes in der Praxis wurde das Ringstauchen für die vorliegenden Untersuchungen zur Reibzahlermittlung ausgewählt. Ausgangsteile für diese Versuche waren zylindrische Proben mit kreisförmigem Querschnitt (Bild 3). Sie wurden aus den entsprechenden Versuchswerkstoffen gefertigt und mit den zu untersuchenden Schmierstoffen beschichtet. Die so präparierten Proben wurden in Stufen von ca. 0,3 mm zwischen zwei ebenen, parallelen Stauchbahnen auf ca. 50 % ihrer Ausgangshöhe gestaucht. Nach jeder Stufe wurden die Außen- und Innendurchmesser der Proben gemessen.
Die Kinematik des Ringstauchens verlangt das Vorhandensein einer Fließscheide (Bild 3). Im Gebiet 1 ($d_s \leqq d \leqq D$) fließt der Werkstoff radial nach außen ab, während er im Gebiet 2 ($d_i \leqq d \leqq d_s$) nach innen fließt. Je nach Schmierung und Oberflächenzustand der Probe verschiebt sich die Fließscheide im Probenkörper und bewirkt somit, daß der Werkstoff mehr oder

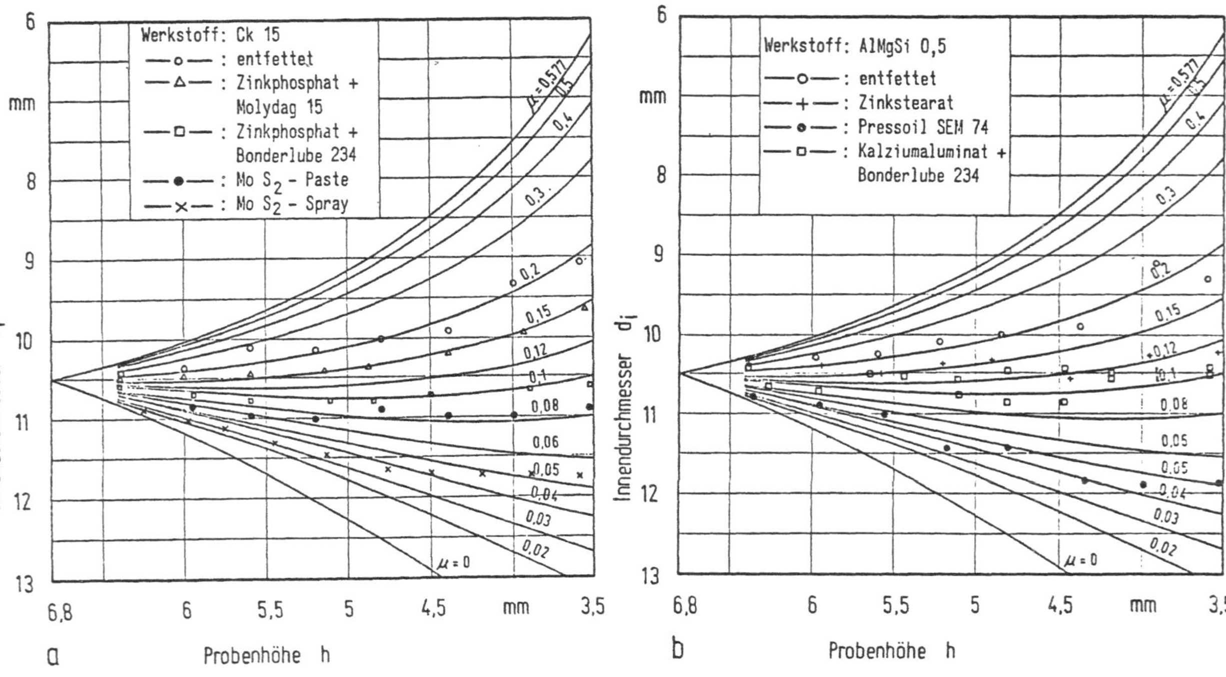

Bild 4 a - b: Reibzahlen untersuchter Schmierstoffe für gegebene Probengeometrie (s. Bild 3) nach [34] neu berechnet.

weniger stark nach innen bzw. außen fließt. Aus dem Ansatz nach [34] ergibt sich, daß die Lage der Fließscheide unabhängig von der Fließspannung des Probenwerkstoffes ist. Die Reibzahl μ ist die einzige Einflußgröße für die Lage der Fließscheide. Bei konstant angenommener Reibzahl und unter der Annahme, daß die Lage der Fließscheide sich bei kleinen Stauchstufen nur unwesentlich ändert, kann der Zusammenhang zwischen augenblicklicher Probenhöhe und -innendurchmesser errechnet und in ein Auswertenomogramm aufgetragen werden (Bilder 4 a bis 4 b). Der Innendurchmesser wurde anstelle des Außendurchmessers gewählt, da er, wie auch beim Versuch festgestellt wurde, ein empfindlicheres Maß für die Größe der Reibzahl ist, s. a. [34]; auch die Unrundheit und die Verwölbung des Innendurchmessers waren vergleichsweise kleiner. Genaue Werte für die Reibzahlen wurden durch die entsprechende Korrektur, die die Verwölbung berücksichtigt, erhalten. Dabei wurde angenommen, daß die Mantelflächen parabelförmig verwölbt sind. Es gilt (Bild 3):

$$d_i = \frac{2d_i'' + d_i'}{3}$$

Durch Einzeichnen der gemessenen und ggf. korrigierten Durchmesser in Abhängigkeit von der jeweiligen augenblicklichen Probenhöhe in ein Auswertenomogramm (Bild 4 a bis b) wurden für die verschiedenen Oberflächenbehandlungen die Reibzahlen ermittelt.

Gegenüber dem Warmgesenkschmieden erfordert das Kaltgesenkschmieden infolge veränderter Reibverhältnisse zwischen Werkstück und Werkzeug eine andere Oberflächenbehandlung der Ausgangsteile sowie andere Schmierstoffe. Im Rahmen der Grundlagenversuche wurden die in der Tabelle 2 zusammengestellten Oberflächenzustände untersucht.

Aus Bild 4 a ist ersichtlich, daß bei Ck 15 die Schmierstoffe MoS_2-Spray und MoS_2-Paste niedrigere Reibzahlen liefern als jene mit Molydag 15 bzw. Bonderlube 234 auf Zinkphosphat als Trägerschicht. Versuche beim Kaltgesenkschmieden der Werkstückform 1 (Bild 5) mit MoS_2-Spray und mit MoS_2-Paste als Schmierstoffe (ohne Trägerschicht) führten jedoch zu Kaltverschweißungen zwischen Werkstück und Werkzeug im Zapfenbereich. Dies läßt sich

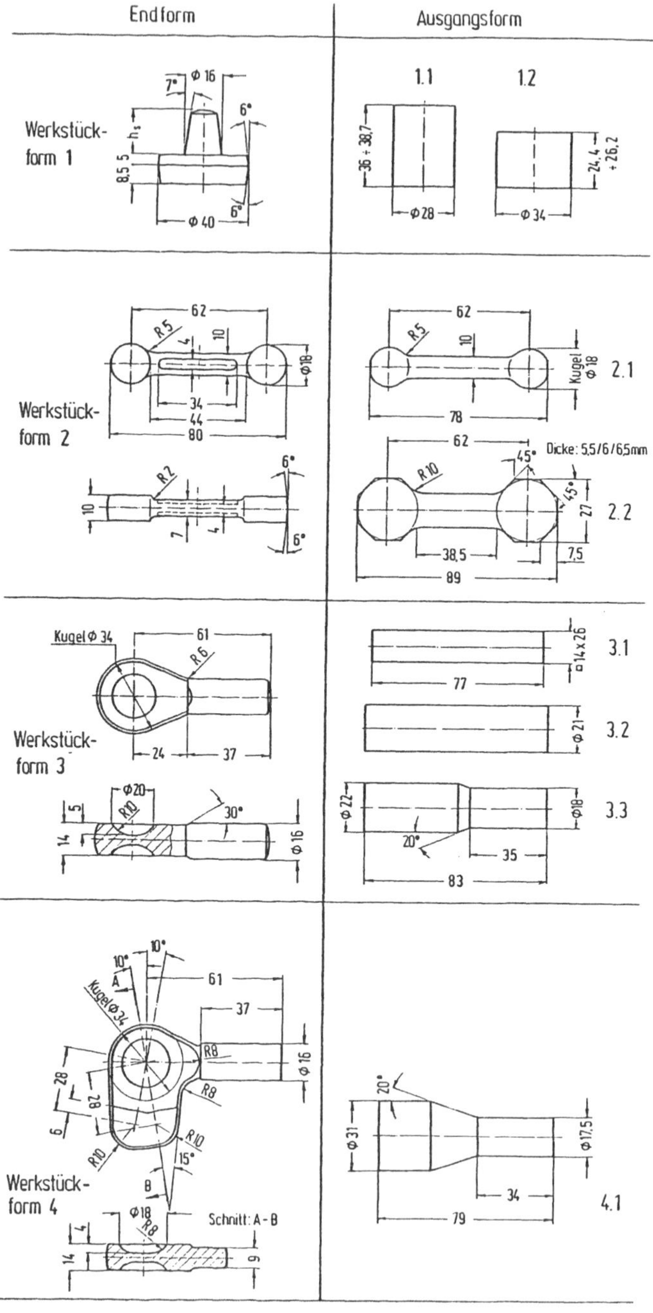

Bild 5: Untersuchte Werkstückformen

Tabelle 2: Untersuchte Oberflächenzustände

Werkstoff	Schmierstoff	Trägerschicht	Reibwert μ
Ck 15	entfettet	keine	0,20
	MoS_2-Paste	keine	0,085
	MoS_2-Spray +	keine	0,05
	Molydag 15	Zinkphosphat	0,15
	Bonderlube 234	Zinkphosphat	0,10
	entfettet		0,20
Al 99,5	Pressoil SEM 74	keine	0,045
AlMgSi 0,5	Zinkstearat	keine	0,125
	Bonderlube 234	Kalziumaluminat	0,105

+ auf Stauchbahnen und Proben aufgetragen

dadurch erklären, daß die werkstückseitige Oberflächenvergrösserung, die Flächenpressung und vor allem die Relativbewegung zwischen Werkstück und Werkzeug (Reibschubspannung) beim Ringstauchen viel kleiner sind als beim Kaltgesenkschmieden. Bei Ck 15 lag die maximale Flächenpressung beim Ringstauchen bei 570 N/mm² (φ = 0,63), dagegen zwischen 1600 N/mm² und 2000 N/mm² beim Kaltgesenkschmieden (φ > 1,0). Dieser hohen Flächenpressung sowie der bedeutend stärkeren Werkstoffbewegung an der Werkzeugoberfläche und damit der hohen Reibschubspannung konnte keiner der ohne Schmierstoffträgerschicht untersuchten Schmierstoffe standhalten.
Hieraus wird deutlich, daß die günstige Reibzahl eines Schmierstoffes nicht mit gutem Trennvermögen gleichzusetzen ist, und der Ringstauchversuch keine Aussage über das Trennvermögen eines Schmierstoffes liefert, da die Flächenpressung und Oberflächenvergrößerung vergleichsweise gering sind.
Die niedrigsten Reibwerte lieferten auch die Proben aus AlMgSi 0,5, die lediglich mit dem Preßöl SEM 74, also ohne Trägerschicht, befettet waren (Bild 4 b). Kaltverschweißungen wurden aber auch bei Schmiedestücken aus Al 99,5 und aus AlMgSi 0,5 festgestellt, die anfangs mit Zinkstearat, bzw. Pressoil SEM 74 befettet waren. Für weitere Versuche beim

Kaltgesenkschmieden der Werkstückform 1 wurden folglich nur noch Schmierstoffe in Kombination mit einer entsprechenden Trägerschicht verwendet.
Die Annahme einer konstanten Reibzahl während des Ringstauchvorgangs wurde lediglich bei Proben aus Ck 15, die vorher mit Zinkphosphat und Molydag 15 oder Bonderlube 234 behandelt waren, bestätigt (Bild 4 a). Im übrigen wurde stets eine Änderung der Reibzahl festgestellt. Am deutlichsten trat diese Erscheinung an Proben aus AlMgSi 0,5 und Ck 15 hervor, die entfettet oder ohne Trägerschicht gestaucht wurden (Bild 6). Mit fortschreitendem Stauchweg nimmt die Reibzahl einen höheren Wert an [34].

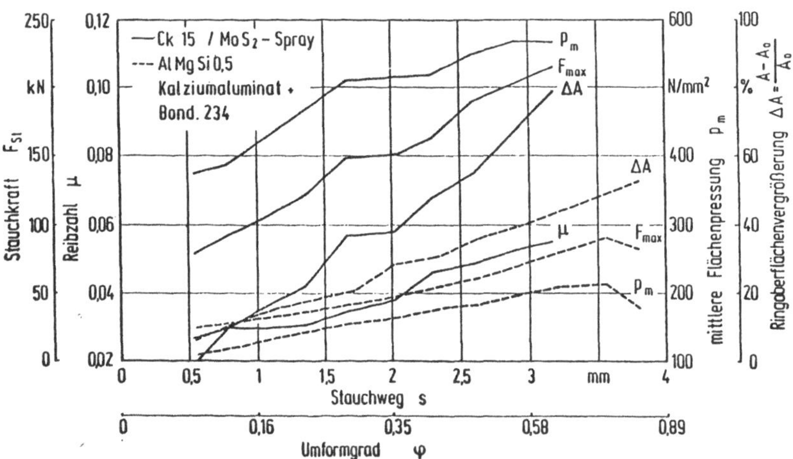

Bild 6 : Zusammenhang zwischen F_{St} , μ , p_m , ΔA und φ

4 Experimentelle Untersuchungen

4.1 Versuchswerkzeug, Umformmaschine

Zum Gesenkschmieden der Werkstückformen 1 und 2 (Bild 5) wurden Werkzeuge konstruiert, deren prinzipieller Aufbau in Bild 7 dargestellt ist. Damit die eigentlichen Gesenke den zu erwartenden hohen Beanspruchungen standhalten und ihre Abmessungen klein gehalten werden können, wurden sie einfach armiert. Die Berechnung von Fugendurchmesser und Schrumpfmaß erfolgte nach dem Verfahren von Adler und Walter [38].
Für Gesenke und Armierung wurden folgende Werkstoffe verwendet:

Gesenk: X 155 CrVMo 12 1 (W-Nr. 1.2379), HRc 58
Schrumpfring: X 40 CrMoV 51 (W-Nr. 1.2344), HRc 48

Die Daten des Schrumpfverbandes sind:

Fugendurchmesser: 80 mm (Werkstückform 1)
110 mm (Werkstückform 2)
Außendurchmesser: 180 mm
Haftmaß: 6 ‰

Als Meßgröße für die Gravurfüllung beim Schmieden der Werkstückform 1 diente die Werkstoff-Steighöhe im Zapfen. Damit der Werkstofffluß im Zapfenbereich werkzeugseitig nicht behindert wird, wurde das Obergesenk im Bereich des Zapfens nach oben offen ausgeführt. Im Untergesenk wurden je nach Meßverfahren zur Ermittlung der Kontaktnormalspannung (siehe Abschn. 4.2.3) Aussparungen vorgesehen.
Die Werkstückformen 3 und 4 wurden mit Gesenken aus der industriellen Fertigung geschmiedet.
Alle Versuche zum Kaltgesenkschmieden wurden in einer hydraulischen Presse (Fabrikat SMG, Typ HZPUI 300/300-1300/1000) mit einer Nennkraft von 6000 kN durchgeführt. Die Arbeitsgeschwindigkeit des Hauptstößels ist lastabhängig. Sie betrug zwischen 23 mm/s und 47 mm/s. Alle Werkstückformen wurden in einer Stufe geschmiedet.

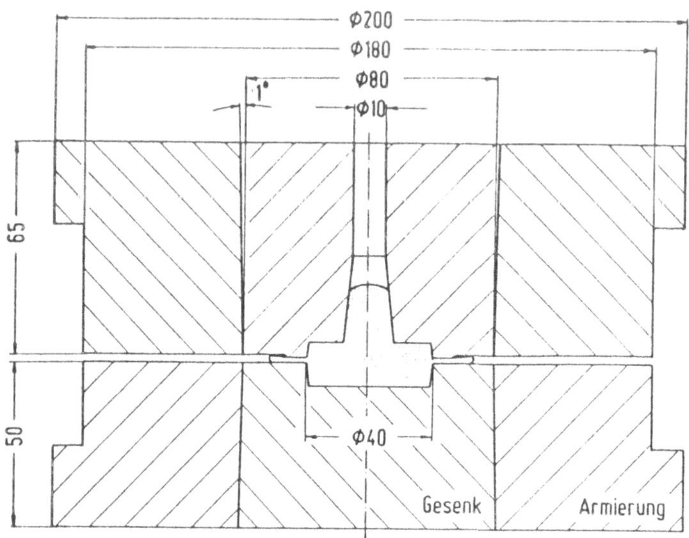

Bild 7 : Versuchswerkzeug

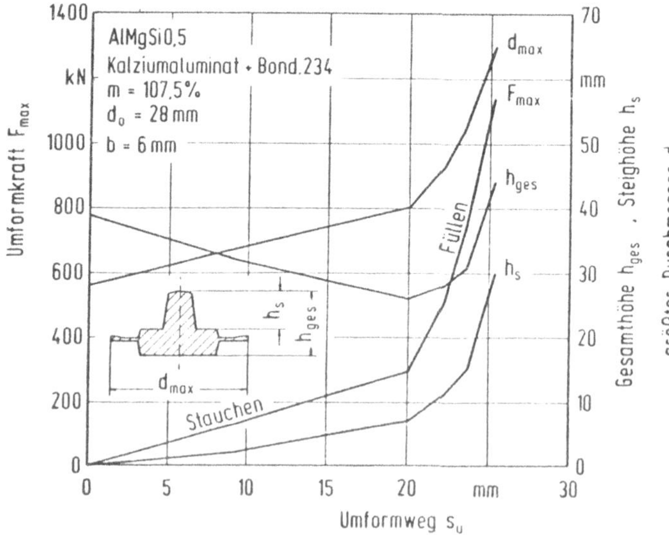

Bild 8 : Kraftwegverlauf beim Kaltgesenkschmieden

4.2 Meßgrößen und Meßverfahren

4.2.1 Umformkraft

Die Umformkraft wurde mit einem im Kraftfluß eingebauten mit DMS beklebten Kraftmeßkörper gemessen und von einem x-y-Schreiber über dem Umformweg aufgezeichnet. Das Meßverfahren beruht auf der Umwandlung der elastischen Verformungen des Meßkörpers in eine elektrische Größe mit Hilfe von Dehnungsmeßstreifen.

4.2.2 Umformweg

Zur Messung der Umformwege diente ein induktiver Wegaufnehmer, der am Maschinentisch befestigt war und vom Maschinen-Stößel betätigt wurde. Der Wegaufnehmer besteht aus einer Spule, deren Induktivität durch Eintauchen eines Ankers verändert wird. Aufgezeichnet wurde die Umformkraft über dem Umformweg auf einem x-y-Schreiber. Bild 8 zeigt den typischen Kraft-Weg-Verlauf beim Gesenkschmieden.

4.2.3 Kontaktnormalspannungen

Quantitative Angaben über die in der Wirkfuge Werkstück-Werkzeug herrschenden Spannungen sind unentbehrlich sowohl für die Auslegung der Werkzeuge als auch für die plastizitätstheoretische Erfassung der Umformvorgänge. Sie sind außerdem für die Behandlung von Fragen der äußeren Reibung, der Maßgenauigkeit bzw. der Oberflächenqualität der Werkstücke sowie der Werkzeugstandzeit von entscheidender Bedeutung.
Eine Errechnung der konstant über der Projektionsfläche des Werkstücks angenommenen Spannung aus der gemessenen Umformkraft erweist sich als nicht ausreichend, da die für ein mögliches Werkzeugversagen verantwortlichen Spannungsspitzen erheblich höher als der Mittelwert liegen.
Seit dem ersten Bericht von Siebel und Lueg [39] über die experimentelle Ermittlung der senkrecht zur Werkzeugoberfläche wirkenden Kontaktnormalspannung war diese Ermittlung mehrfach Gegenstand verschiedener Untersuchungen [39 bis 49]. Im

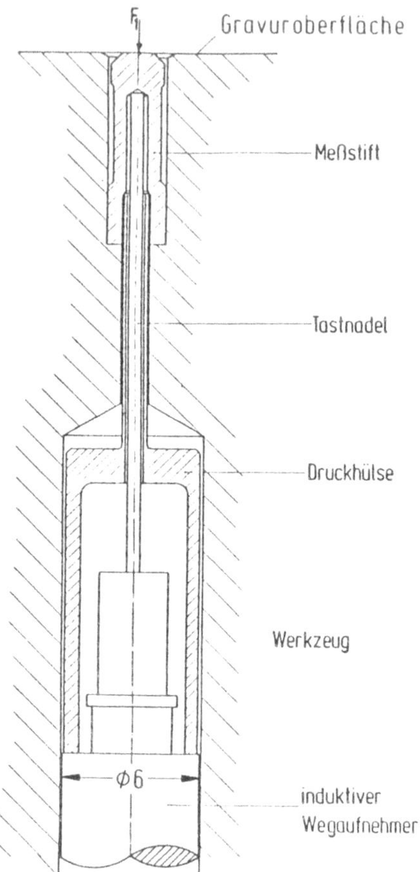

Bild 9: Schematischer Aufbau der Meßstifte

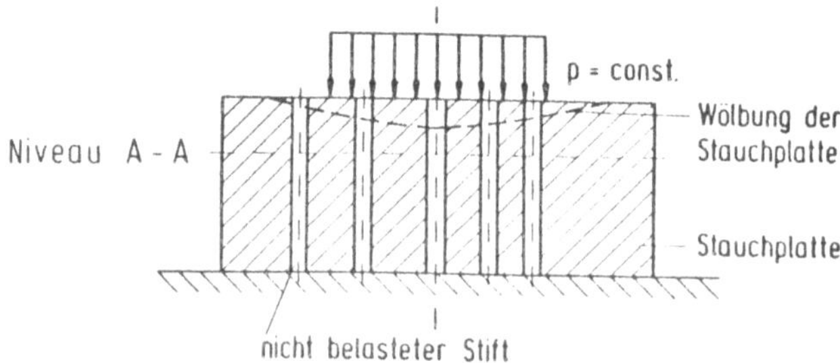

Bild 10 : Elastisches Verhalten der Meßstifte

Schrifttum wurden zahlreiche Versuche beschrieben, die Kontakt-normalspannung in eine meßtechnisch erfaßbare Größe umzuwandeln [39 bis 49]. Im wesentlichen wurden drei Methoden angewandt:

- mit Meßstift
- mit Membran-Verfahren
- mit Steig- oder Schlitzstauchverfahren.

Im Rahmen dieser Arbeit wurden zwei unterschiedliche Meßverfahren entwickelt und angewendet - die Meßverfahren mit Meßstiften und Meßscheiben (Sensoren).

4.2.3.1 Bestimmung der Kontaktnormalspannungen mit Meßstiften

Das Meßverfahren beruht auf der Umwandlung der elastischen Verformung eines Meßstifts in eine elektrisch meßbare Größe. Den prinzipiellen Aufbau eines solchen Meßstifts zeigt Bild 9. Wird das Werkzeug durch eine Kraft F belastet, so entfällt von dieser auf den örtlich vorhandenen Meßstift eine Teilkraft F_1, die der Stift weiter auf einen Kraftmeßkörper überträgt. Kraftmeßkörper können z. B. Piezokristalle oder Stauchkörper sein, deren Verkürzung unter Druckeinwirkung mit Dehnungsmeßstreifen oder einem induktiven Wegaufnehmer gemessen wird. Zur Kalibrierung mit einer auf den Stift wirkenden bekannten Einzellast oder einem bekannten hydraulischen Druck wird das vom Meßstift kommende elektrische Signal in eine mechanische Kontaktnormalspannung umgerechnet und in ein Kalibrierdiagramm aufgezeichnet.

Problematik und Meßunsicherheiten des Meßverfahrens

Abgesehen von systematischen Fehlern, wie sie aus der beschränkten Genauigkeit von Kraftmeßkörper, Meßverstärker und Registriergerät folgen, treten bei der Messung der Kontaktnormalspannung zufällige Fehler auf, die durch das angewandte Meßprinzip sowie die Größe und Bauform der Meßstifte bedingt sind. Abweichungen von den tatsächlich auftretenden Spannungen werden u.a. verursacht durch die endlichen Abmessungen des Taststifts [39] und die Lage der Stiftmeßfläche gegenüber der umgebenden Werkzeugoberfläche [40 bis 45]. Eine Veränderung der Lage der Stiftmeßfläche kann zu einer Meßunsicherheit bis 20 % führen [41]. Weitere Fehlerursachen sind die Seitenkraft infolge Relativbewegung zwischen Werkstückwerkstoff und Meßstift, die Reibkraft infolge Relativbewegung zwischen Meßstift und Aufnehmerbohrung, und das mögliche Einfließen des Werkstückwerkstoffes in den Spalt zwischen Meßstift und Aufnahmebohrung. Auch die Kalibrierung der Meßstifte mit Einzellast oder mit hydrostatischem Druck kann einen Fehler ergeben, da das elastische Verhalten des umgebenden Werkzeugs nicht berücksichtigt werden kann.

Bild 10 erläutert dieses Verhalten durch ein Gedankenexperiment [45]. In einer Stauchplatte sind einige völlig gleiche Stifte so eingebaut, daß ihre Meßflächen im unbelasteten Zustand mit der Oberfläche der Stauchplatte bündig sind. Die elastischen Eigenschaften von Stauchplatten- und Stiftwerkstoff sollen gleich sein. Eine gleichmäßige, hydraulische Druckbelastung p wird nun über den ganzen Meßbereich aufgebracht. Alle belasteten Stifte werden gemäß dem Hookeschen Gesetz ($\sigma = E.\varepsilon$) um einen bestimmten Betrag elastisch gestaucht (Niveau A - A), während die Stauchplatte eine radial unterschiedliche Wölbung erfährt. Alle belasteten Stifte werden den tatsächlich aufgebrachten Druck anzeigen, obwohl ihre Meßflächenlagen relativ zur Stauchplattenoberfläche unterschiedlich sind.
Dies gilt nur, weil bei diesem Gedankenexperiment keine Relativbewegung des Wirkmediums radial über die Stauchplattenoberfläche auftreten kann. Bei einem Umformvorgang erfolgt jedoch nicht nur eine Bewegung des Werkstückwerkstoffes relativ zum Werkzeug quer zu den Meßstiften, sondern zudem ist die Werkzeugbelastung ungleichmäßig über der Werkzeugoberfläche verteilt, da der Werkstückwerkstoff in seinem Verhalten sehr stark von einem idealen flüssigen Wirkmedium abweicht. Neben dem idealen Fall, in dem die Stiftmeßflächen unter Belastung eben mit der Stauchplattenoberfläche bleiben, gibt es zwei weitere Möglichkeiten.
Dringen die Stifte in das Werkstück ein, so bedeutet dies eine Entlastung der Stauchplattenbereiche in der unmittelbaren Umgebung des Stiftes, so daß in diesem Fall die Stifte zu große Werte zeigen.

Dringt andererseits der Werkstückwerkstoff in die Aufnehmerbohrung ein, so werden die Stifte entlastet, da sie normalerweise elastisch weicher als die Umgebung sind und stärker zurückweichen. Die Umgebung muß also einen Teil der örtlichen Stiftbelastung zusätzlich aufnehmen. Demnach zeigen die Meßstifte kleinere Werte als die tatsächlich auftretende Belastung an.
Zum Vermeiden dieser möglichen Fehlerquellen müßten die einzelnen Meßstifte je nach ihrer Position im Werkzeug unterschiedliche Steifigkeiten besitzen, so daß ihre Meßflächen bei einer gegebenen Belastung immer mit der Stauchplattenoberfläche eben bleiben würden. Dafür müßten die Spannungsverteilung und die Durchwölbung der Stauchplattenoberfläche bekannt und die Meßstifte entsprechend lang und/oder unterschiedlich gebaut sein. Diese Forderungen sind praktisch nicht erfüllbar. Bei komplizierteren Werkzeugoberflächenkonturen ist die Spannungsverteilung, die eigentlich mit den Meßstiften zu messen ist, nicht ohne weiteres abschätzbar. Aus konstruktiven und fertigungstechnischen Gründen sind die Meßstifte meist aus mehreren Einzelteilen zusammengesetzt. Es ist kaum möglich, die Steifigkeit solcher Gebilde gezielt zu beeinflussen. Bei schlanken Stiften, die nicht fest eingespannt und mit Spiel in ihren Aufnehmerbohrungen geführt sind, werden die Meßflächen nicht nur parallel zu ihrer Ausgangslage verschoben, sondern auch durch Verkanten der Stifte infolge von Seitenkräften innerhalb der Bohrung schräggelegt. Diese Schräglage der Meßflächen kann weder abgeschätzt noch bei der Kalibrierung simuliert werden.
Aufgrund dieser möglichen Meßunsicherheiten wurden veränderte Meßvorrichtungen in Anlehnung an [46] entwickelt und eingesetzt, welche die möglichen Meßfehler in vertretbarem Rahmen halten sollen. Dabei wurden die verfahrensspezifischen Randbedingungen - hier Kaltgesenkschmieden, wie die zu erwartende hohe Werkzeugbelastung und der starke Werkstofffluß im Gratspalt, berücksichtigt.
Wesentliche Merkmale dieser Meßvorrichtung sind das Vereinigen der Funktionen "Abtasten" und "Messen" in einem Bauteil [47] und die kurz gehaltene elastisch federnde Stiftlänge, die die

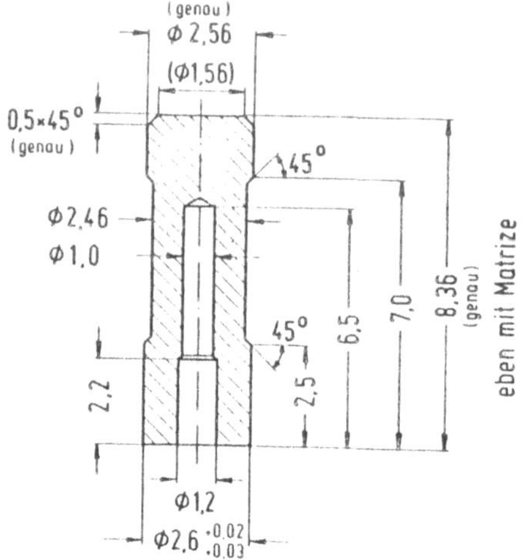

Bild 11 : Meßstifte zur Ermittlung der Kontaktnormalspannungen

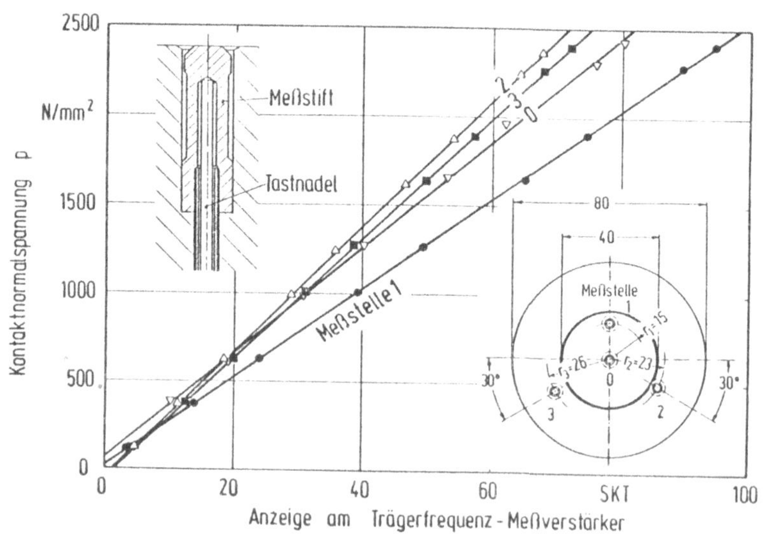

Bild 12 : Kalibrierdiagramm und Lage der Meßstifte im Werkzeug

Relativbewegung zwischen Meßstift und Aufnehmerbohrung verringert. Durch das Festeinspannen des Meßstifts in der Bohrung, wobei die Einspannlänge verhältnismäßig groß gegenüber der aktiven Stiftlänge ist, wird der Meßstift unempfindlich gegen Verkanten. Der Spalt zwischen Meßstift und Aufnahmebohrung muß möglichst eng gehalten werden, damit eine gute Führung des Meßstifts gewährleistet ist, und ein Eindringen von Werkstoff und Schmierstoff in den Spalt vermieden wird. Ein zu kleiner Spalt kann allerdings dazu führen, daß der Meßstift unter Belastung klemmt. Bei den verwendeten Meßstiften betrug der Spalt 0,02 mm. Das Eindringen vom Werkstückwerkstoff in den Spalt wurde außerdem durch Anfasen der Kante der Aufnehmerbohrung und der Stiftstirnseite unterdrückt. Der Spalt wurde dadurch erweitert, so daß der Werkstoff zunächst in einen sich verengenden Spalt einfließen muß, bevor er den zylindrischen Teil des Spaltes erreicht. Damit wurde das Einfließen in diesen Teil nahezu vermieden. Durch das Anfasen wurden der Stofffluß und damit die relative Bewegung unmittelbar über die Meßstelle durch Umlenkung in den Kegel so erschwert, daß er sich günstig auf das Verkanten des Stiftes und damit auf die Meßgenauigkeit auswirkt. Die in [46] untersuchten Meßstifte mit spitzkegeligen Meßflächen schieden in der vorliegenden Arbeit aus folgenden Gründen aus:

- Die Meßflächen müssen, damit sie möglichst gut vom umzuformenden Werkstoff umschlossen sind, im unbelasteten Zustand um einen kleinen Betrag über die Werkzeugoberfläche herausragen. Dies bewirkt eine Störung des Werkstoffflusses und eine verstärkte Gefahr des Verkantens.
- Die bei der Kalibrierung aufzubringende Einzellast hat keine definierte Angriffsfläche.
- Der Verschleiß der Kegelspitze ist erheblich.

Für die Versuche beim Kaltgesenkschmieden wurden Meßstifte mit den in Bild 11 eingetragenen Abmessungen verwendet. Die beim Vorversuch eingesetzten Meßstifte wurden auf gleiche Härte wie das Werkzeug gehärtet. Unter Höchstbelastung wurden sie aber so stark gestaucht, daß die Meßflächen unterhalb der Werkzeugoberfläche lagen. Die Stifte wurden daher auf HRc 60 bis 62, d. h. um etwa 4 HRc härter als das Werkzeug, gehärtet. Die Stauchung des Meßstiftes wurde von der Tastnadel weiter an den

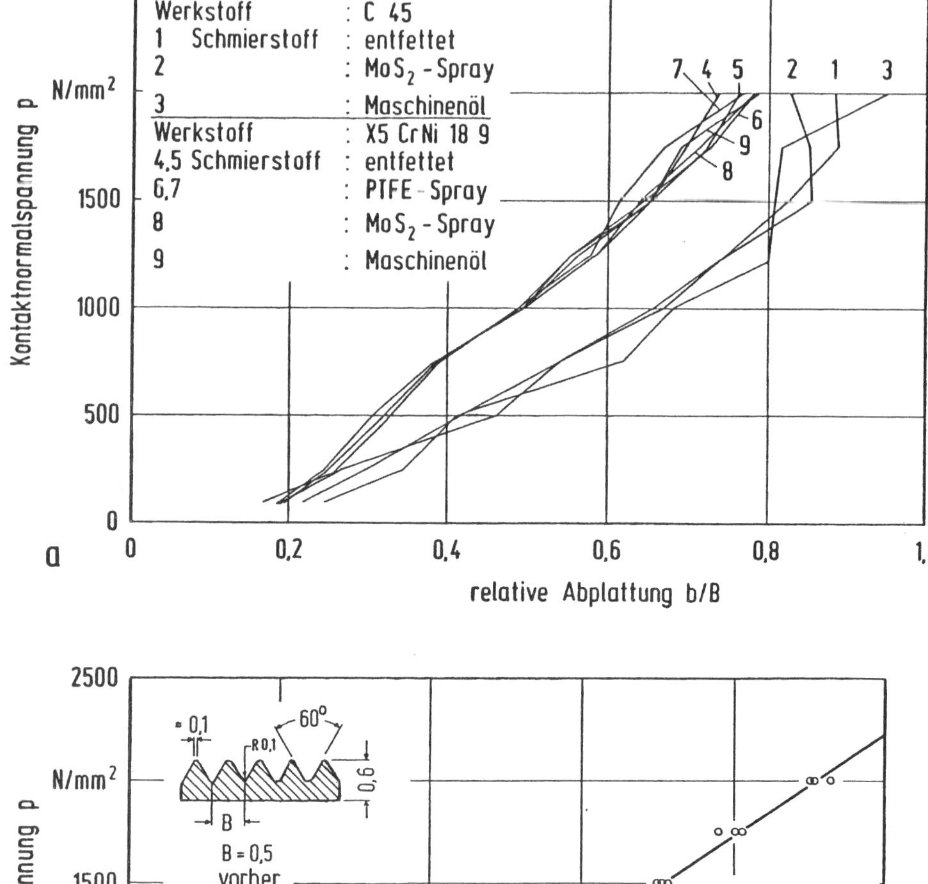

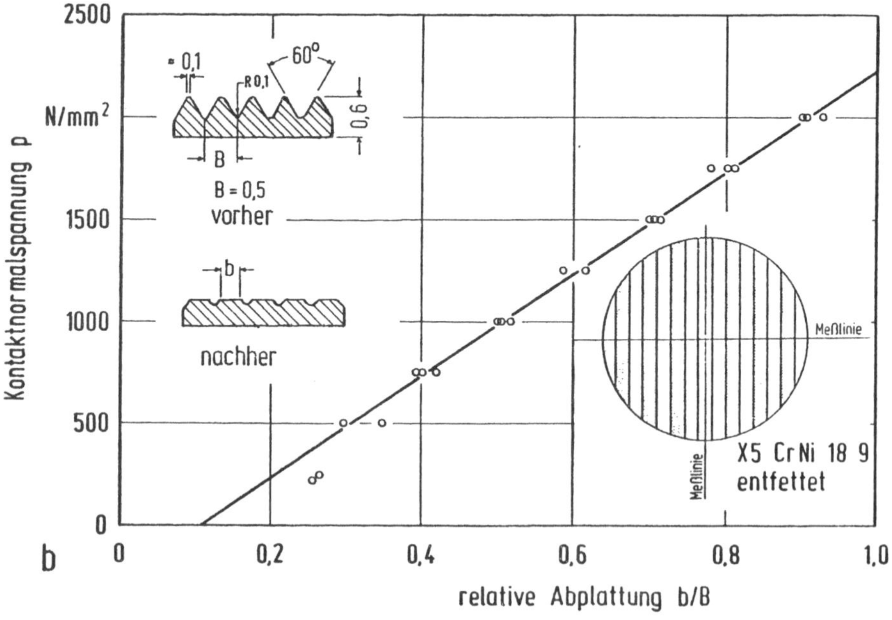

2500
N/mm2
1500
1000
500
0
Kontaktnormalspannung p
≈ 0,1
60°
R 0,1
0,6
B
B = 0,5
vorher
b
nachher
Meßlinie
Meßlinie
X5 CrNi 18 9
entfettet
b
0
0,2
0,4
0,6
0,8
1,0
relative Abplattung b/B

Bild 13 a-b : Kalibrierdiagramme der Sensoren

induktiven Wegaufnehmer geleitet (Bild 9). Bei einem Nennweg von ± 0,5 mm hat dieser Wegaufnehmer (Fabrikat Thomatronik, Typ N 6 R/0.5) eine Wiederholgenauigkeit von etwa 0,1 µm. Die bei Be- und Entlastung des Werkzeugs beobachtete Nullpunktverschiebung der Meßanzeige wurde durch axiale Vorspannung mit einer Feder verhindert. Die axiale elastische Stauchung des Werkzeugs wurde durch die Druckhülse aufgefangen.
Die Kalibrierung dieser Meßvorrichtungen erfolgte einzeln durch Be- und Entlastung der eingebauten Meßstifte mit bekannten Kräften. Bild 12 zeigt die Kalibrierkurven der einzelnen Meßstellen. Insgesamt wurde an vier Stellen gemessen - zwei in der Gravur, zwei auf der Gratbahn.

4.2.3.2 Bestimmung der Kontaktnormalspannungen mit Meßscheiben (Sensoren)

Die zweite Methode zur experimentellen Ermittlung der Kontaktnormalspannungen basiert auf plastischen Formänderungen von Metallen unter Druckspannung. Es handelt sich um ein praktisches und einfaches Verfahren, mit dem Druckspannungen ohne großen apparativen Aufwand gemessen werden können [49].
Eine dünne Metallscheibe (Sensor), die ein einseitiges, spitzkämmiges Profil aufweist (Bild 13 a bis b) wird zwischen Werkstück und Werkzeug mit der Profilseite zum Werkzeug angebracht. Unter Einwirkung von Druckspannungen werden die Spitzen dieses Profils abgeplattet. Die Größe der Abplattung b ist ein Maß für die Höhe der jeweils auftretenden Druckspannung. Unter Berücksichtigung der Gegebenheiten beim Kaltgesenkschmieden wurden Sensoren in Anlehnung an [49] entwickelt und erprobt. Damit der Einbau der Sensoren und deren Eigenstabilität die zu ermittelnden Kontaktnormalspannungen und den Werkstofffluß beim Schmiedevorgang möglichst wenig beeinflussen, wurde die Gesamtdicke der Sensoren mit 0,6 mm festgelegt.
Im Vorversuch wurden Sensoren aus C 45 mit gefrästem Profil verwendet. Die auf die gewünschte Dicke von 0,6 mm geschliffenen Blechstreifen wurden auf eine Unterlage geklebt und in einer Fräsmaschine profilgefräst. Die Spitzen haben einen Winkel von 60 ° und liegen in 0,5 mm Abstand voneinander (Bilder 13 a bis b). Nach dem Fräsen wurden den Platinen durch

Ausdrehen kreisrunde Sensoren (Ø 5 mm und Ø 10 mm) entnommen. Der Zusammenhang zwischen Abplattung und Kontaktnormalspannung wurde in einem eigens für die Kalibrierung gebautem Werkzeug ermittelt. Nach Belasten der Sensoren in verschiedenen Stufen, wobei die axiale Druckspannung von 100 N/mm² auf 2000 N/mm² erhöht wurde, wurden die Abplattungen an verschiedenen in 0,5 mm Abständen liegenden Stellen auf dem Zentralprofilkamm sowie die Abplattungen der übrigen Profilkämme in Richtung eines senkrecht zum zentralen Profilkamm liegenden Durchmessers gemessen (Bild 13 b). Dabei wurde ein Mikroskop (Fabrikat Carl Zeiss, Typ WMM 100/50, Ablesegenauigkeit 0,002 mm) mit 10facher Vergrößerung verwendet.
Zur Untersuchung möglicher Einflüsse von Schmierbedingungen der Sensoren auf die Meßergebnisse wurden die Sensoren bei der Kalibrierung entweder mit Trichloräthylen entfettet oder jeweils mit Schmieröl, MoS_2-Spray oder PTFE-Spray geschmiert. Bild 13 a zeigt die entsprechenden Kalibrierkurven. Die Abweichungen der Kurven voneinander infolge unterschiedlicher Schmierbedingungen sind verhältnismäßig gering und liegen im Bereich der meßverfahrensspezifischen Fehlergrenzen. Aus dem Bild geht außerdem hervor, daß eine Linearität zwischen Kontaktnormalspannungen und Abplattung nur bis zu einer Spannung von ca. 1400 N/mm² besteht. Dieser Bereich erschien aber für das Kaltgesenkschmieden von Stahl nicht ausreichend. Es wurde deshalb versucht, durch Änderung des Verfahrens zur Herstellung des Sensorenprofils (Umformen anstelle von Spanen) und durch Verwendung anderer Werkstoffe den Einsatzbereich zu erweitern.
An den Sensorenwerkstoff werden zwei Bedingungen gestellt:
Er muß erstens gut kaltumformbar sein, d. h. im weichgeglühten Anfangszustand einen geringen Formänderungswiderstand aufweisen, so daß eine gute Abbildung gewährleistet ist,
zweitens muß der Werkstoff gute Kaltverfestigungseigenschaften besitzen, damit die Sensoren höheren Druckspannungen standhalten können, was einer Erweiterung des linearen Bereichs für den Zusammenhang zwischen Kontaktnormalspannungen und Abplattung gleichkommt.
Zwei Werkstoffe, ein ferritischer (X 8 Cr 17) und ein austenitischer Stahl (X 5 CrNi 18 9) wurden erprobt: Dem letzteren wurde wegen der besseren Profilabbildung und seines hohen Ver-

festigungsvermögens der Vorzug gegeben. Zur Herstellung der Sensoren bietet sich das Profilwalzen als Alternative zum Profilfräsen an. Für dieses Verfahren wurden Platten aus X 15 CrVMo 12 1, HRc 56 mit entsprechendem Profil durch Schleifen hergestellt. Blechstreifen aus X 5 CrNi 18 9 wurden zunächst in einer Laborwalzmaschine von 2 mm Ausgangsdicke auf 0,6 $\pm$ 0,02 mm kaltgewalzt. Zum Kühlen und Schmieren der Walze wurde Petroleum verwendet. Vor dem eigentlichen Profilwalzen wurden die Blechstreifen zum Abbau der durch Walzen verursachten Verfestigung weichgeglüht (Argon-Atmosphäre, 1030 °C, Glühdauer 10 min). Die Abkühlung erfolgte im Ofen bei ruhender Luft. Durch das Argongas und das Entfetten der Blechstreifen vor dem Glühen mit Trichloräthylen wurde eine Oxydation der Blechoberfläche verhindert.
Das Profilwalzen selbst wurde in der gleichen Laborwalzmaschine wiederum mit Petroleum als Schmierstoff durchgeführt. Nach Herstellung von etwa 1000 Sensoren schieden die Profilplatten infolge Bruch oder starken Verschleißes aus. Für die Weiterherstellung der Sensoren kam daher eine Profilwalze als Sonderfertigung der Firma Bühler, Pforzheim in Einsatz.
Bild 13 b zeigt die durch eine lineare Regression berechnete Kalibriergerade der auf diese Weise hergestellten Sensoren aus X 5 CrNi 18 9. Die Linearität zwischen Kontaktnormalspannung und Abplattung ist bis zu einer Spannung von 2000 N/mm² gegeben. Im Bereich kleiner Spannungen ($p < 500$ N/mm²) war die Streubreite der einzelnen Meßwerte größer. Für diesen Bereich wurde daher eine separate Regression durchgeführt. In der Gravur wurden die Kontaktnormalspannungen an drei Stellen mit Sensoren von 10 mm Durchmesser, im Gratspalt an zwei Stellen mit Ø 5 mm-Sensoren gemessen (Bild 14). Die Sensoren wurden in die dafür vorgesehenen Vertiefungen im Werkzeug eingelegt. Diese Vertiefungen waren so bemessen, daß sie nach dem Einlegen der Sensoren sowohl im Durchmesser als auch in der Tiefe abgeschlossen waren. Die Sensoren haben allerdings fertigungstechnische bedingte Toleranzen von Durchmesser und Dicke, so daß Störungen des Werkstoffflusses auftreten können. Störungen können auch durch unterschiedliche Oberflächenbeschaffenheit von Sensoren und Werkzeug bedingt sein. Daher wurden die Sen-

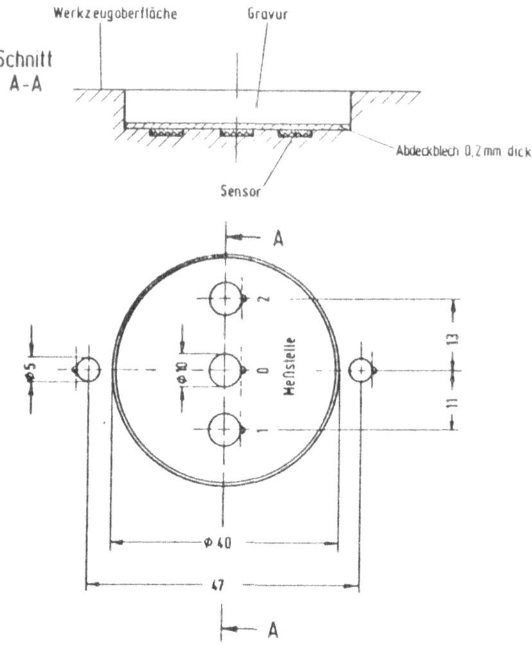

Bild 14: Lage und Anbringen der fünf Sensoren im Werkzeug

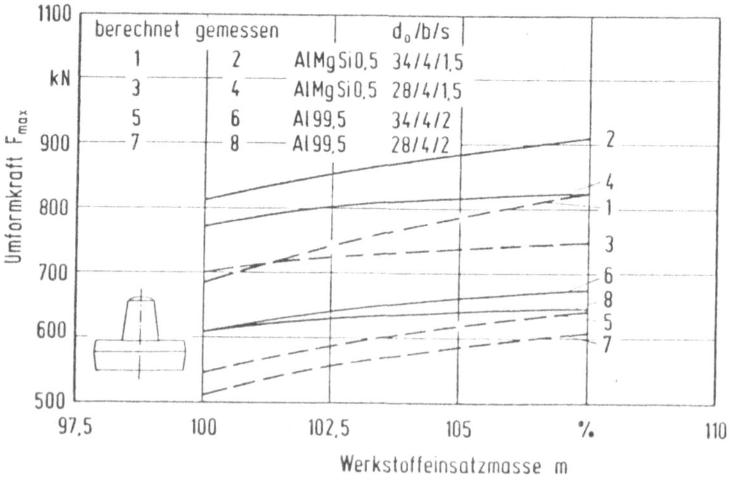

Bild 15 : Gemessene und aus den Kontaktnormalspannungen berechnete Umformkräfte

soren in der Gravur mit einem 0,2 mm dicken Federstahlblech abgedeckt. Das Blech soll die genannten Störungen und vor allem den Einfluß der radialen Werkstoffbewegung auf die Meßergebnisse verhindern. Die Rückseite der Sensoren und die Unterseite des Abdeckbleches wurden zur Schaffung einheitlicher Bedingungen und zur Unterdrückung von Relativbewegungen in der Kontaktfläche mit Trichloräthylen entfettet. Bei der Versuchsdurchführung zeigte sich, daß die zur Ermittlung der Kontaktnormalspannungen im Gratspalt verwendeten Ø 5 mm-Sensoren infolge starker radialer Werkstoffbewegung und Reibung zwischen Werkstück (Grat) und Sensoren oft stark deformiert waren. Sie konnten daher nicht bei allen Versuchen einwandfrei ausgewertet werden. Ein Abdeckblech, wie es in der Gravur zum Einsatz kam, konnte im Gratspalt nicht angebracht werden.
Aus der mit Sensoren ermittelten Spannungsverteilung in der Gravur und, soweit möglich, im Gratspalt wurden die Umformkräfte errechnet und mit den gemessenen Werten verglichen (Bild 15). Unterschiede zwischen Rechnung und Versuch sind zwar vorhanden, absolut gesehen aber nicht allzu groß und zum Teil in den Meßfehlern (Kraftmessung mit Kraftmeßkörper, Messung der Kontaktnormalspannungen mit Sensoren) und in den bei der Rechnung getroffenen Annahmen begründet. Das Ergebnis des Vergleichs zwischen Rechnung und Versuch kann als Bestätigung für die Anwendbarkeit der Sensoren angesehen werden. Diese Kontrollrechnungen wurden für die Werkstücke aus Al 99,5 und AlMgSi 0,5 durchgeführt, da bei diesen die gemessenen Kontaktnormalspannungen im ungünstigen Bereich des Kalibrierdiagramms lagen. Bei den Werkstücken aus Ck 15 war die Übereinstimmung wesentlich besser.

4.2.3.3 Kritische Betrachtung der beiden Meßverfahren

Der auffälligste Nachteil des Meßverfahrens mit Stiften ist der hohe Aufwand des Meßvorrichtungs- und Werkzeugbaus, wobei sehr enge Toleranzen erforderlich sind. Auch während der Versuchsdurchführung mußten die Meßstifte kontrolliert werden, da die Lage der Meßflächen zur Werkzeugoberfläche einen starken Einfluß auf den angezeigten Spannungswert hat, obowhl die Meßstifte beim Einbau sehr genau abgestimmt wurden. Sobald sich die Meßflächen im unbelasteten Zustand unterhalb der Werkzeugoberfläche befinden, müssen die Meßstifte ausgetauscht und erneut kalibriert werden. Die komplizierte Ausführung der verwendeten Meßvorrichtungen konnte die Fehlerquellen, wie die Zusatzkräfte, die Lage der Meßflächen und vor allem das elastische Verhalten der Werkzeuge, verringern, aber nicht ganz ausschließen. Die zum Einbau der Meßvorrichtungen notwendigen Aussparungen verursachten eine Schwächung der Werkzeuge. Die bei Versuchen zum Kaltgesenkschmieden gemessene Umformkraft war in der Regel um etwa 5 % größer als beim Werkzeug mit Sensoren. Dies deutet auf das steifere elastische Verhalten des Werkzeugs mit Sensor-Meßvorrichtung hin.

Gegenüber dem Verfahren mit Meßstiften sprechen noch andere Merkmale für die Ermittlung der Kontaktnormalspannungen mit Sensoren, wie z. B. die einfache Herstellung und Handhabung der Werkzeuge und der Meßeinrichtungen, wobei keine komplizierten und teueren Meßinstrumente erforderlich sind. Die für den Einbau der Sensoren notwendigen Vertiefungen können ohne weiteres an bereits vorhandenen Werkzeugen durch Funkenerosion hergestellt werden.
Das Verfahren mit Sensoren kann allerdings nur Größtwerte bzw. wenn Stufenversuche möglich sind, Größtwerte der einzelnen Stufen liefern. Dynamische Messungen oder eine Aufzeichnung des Druckverlaufs während des Umformvorgangs bleiben dem Verfahren mit Meßstiften vorbehalten.
Da der Werkstofffluß einen großen Einfluß auf die Meßwerte hat, können die Sensoren nur an Stellen eingesetzt werden, wo der Werkstofffluß gering ist,oder die Sensoren mit einem Stahlblech abgedeckt werden können. Ein weiterer Grund, der gegen einen Einsatz der Sensoren im Gratspalt spricht, ist der zu kleine Sensorendurchmesser (5 mm). Nachteilig ist auch der große Zeitaufwand für die Auswertung der Sensoren sowie die fertigungstechnisch bedingte Streuung der Sensorenabmessungen.

Aufgrund der Versuchsergebnisse empfiehlt es sich für Kontaktnormalspannungen unterhalb 500 N/mm², um die Meßgenauigkeit zu erhöhen, Sensoren aus einem weicheren Werkstoff, z. B. Messing, zu verwenden.

4.2.4 Formfüllung, Werkstoffüberschuß

Beim Schmieden der Werkstückform 1 wird die Formfüllung (Gravurfüllung) durch die Steighöhe h_S (Höhe des Zapfens) gekennzeichnet, die nach dem Schmieden mit einer Schieblehre gemessen wurde (Bild 8). Der Werkstücküberschuß wird analog zum Warmgesenkschmieden wie folgt definiert:

$$\Delta m = \frac{\text{Gratmasse}}{\text{Werkstoffeinsatzmasse}} \cdot 100 \; [\%]$$

Zur Ermittlung des Werkstoffüberschusses wurde nach dem Kaltgesenkschmieden der Grat vom Werkstück abgeschert und die Masse von Grat bzw. Werkstück mit Hilfe einer Feinwaage (Fabrikat Startorius, Typ 1204, Meßgenauigkeit 0,01 g) bestimmt.

4.3 Untersuchte Parameter

4.3.1 Werkstückwerkstoff

Die Anfangsfließspannung k_{fo} und der Verfestigungsexponent n eines Werkstoffes geben Auskunft darüber, ob er im Hinblick auf maximal zulässige Werkzeugbeanspruchung und Kraftbedarf für das Kaltgesenkschmieden geeignet ist.
Stähle, deren Festigkeit zwischen denen von Ma 8 und Ck 22 liegt, können kaltgeschmiedet werden. Dagegen sind Stähle mit mehr als 0,25 % Kohlenstoffgehalt nicht zu empfehlen.
Aus verschiedenen Erwägungen kommen in letzter Zeit neben Stählen auch Nichteisenmetalle, insbesondere Aluminium- und Kupferlegierungen, zum Einsatz. Während die gängigen Aluminiumlegierungen ohne weiteres eingesetzt werden können, soll bei Messing der Zinkgehalt infolge der hohen Fließspannung bei großen Umformgraden nicht mehr als 30 % betragen. Im Rahmen dieser Arbeit wurden neben dem Stahl Ck 15 drei aushärtbare und vier nichtaushärtbare Aluminiumlegierungen verwendet (Tabelle 1).

4.3.2 Werkstückform

Die Gestaltung eines Schmiedeteils ist beim Kaltgesenkschmieden durch das gegenüber dem Warmgesenkschmieden geringere

Formänderungsvermögen des Werkstoffes eingeengt. Der Schmiedevorgang soll daher so ausgelegt werden, daß er vorwiegend aus Breiten, weniger aus Steigen besteht (siehe hierzu [11]), und grobe Querschnittssprünge vermieden werden.
Die Werkstückmasse sollte im allgemeinen im Hinblick auf den Kraftbedarf nicht mehr als 0,1 kg betragen.
Folgende Werkstückformen wurden untersucht (Bild 6):
Die Werkstückform 1 ist die beim Warmgesenkschmieden bereits ausführlich untersuchte Scheibe mit einseitigem Zapfen, deren Abmessungen so ausgelegt wurden, daß sie denjenigen des in [5, 6] zur Untersuchung der Schmiedevorgänge beim Warmgesenkschmieden verwendeten Werkstücks weitgehend entsprechen. Damit sind die Voraussetzungen für einen direkten Vergleich der Ergebnisse des Warm- und Kaltgesenkschmiedens gegeben. Das Werkstück selbst ist nicht repräsentativ für das für eine Fertigung durch Kaltgesenkschmieden ins Auge gefaßte Teilespektrum. Der Vorteil eines solchen rotationssymmetrischen Werkstücks besteht allerdings darin, daß es, im Vergleich zu den langgestreckten Werkstücken, weniger Werkstoff benötigt. Außerdem sind die dafür erforderlichen Werkzeuge einfacher herzustellen. Der Umformvorgang in einer runden Gravur läßt sich gegenüber anderen Gravurformen ebenfalls besser übersehen, da das freie Stauchen auf dem gesamten Umfang des Werkstücks in eine geführte Umformung übergeht. Auch die gleichmäßige Gratbildung ist günstig für die Berechnungsverfahren, da die Gratbreite (werkstückseitig) am ganzen Werkstückumfang gleich groß ist.
Die zweite Werkstückform steht dagegen stellvertretend für eine große Schmiedeformengruppe, z. B. Pleuel, Hebel usw.
Im weiteren Verlauf der Arbeit wurden zwei weitere, aus der industriellen Fertigung stammende Teile (Werkstückform 3 und 4, Bild 6) untersucht. Diese wurden bisher aus Titanlegierungen warmgeschmiedet.

4.3.3 Ausgangsform und Werkstoffeinsatzmasse

Für die Werkstückform 1 wurden kreiszylindrische Ausgangsteile mit zwei verschiedenen Durchmessern (28 mm bzw. 34 mm) in Anlehnung an [6] verwendet (Bild 5). Die Wahl der kreiszylindrischen Form der Ausgangsteile wurde dadurch gerechtfertigt, daß durch Kaltgesenkschmieden vornehmlich Werkstücke kleinerer Abmessungen hergestellt werden, und der Preisvorteil (etwa 16 %) von Vierkant-Knüppeln gegenüber Rundstahl für Abmessungen kleiner als 50 mm x 50 mm nicht mehr gegeben ist. Die Höhe der Ausgangsteile wurde aus dem Werkstück- und Gratvolumen errechnet und so abgestimmt, daß sich für beide Durchmesser gleiche Volumina bzw. gleiche Massen m ergaben. Diese Volumina bzw. Massen wurden gleich 100 % gesetzt und zur Untersuchung der Auswirkung des Werkstoffeinsatzes (Masse m) auf den Schmiedevorgang in 4 Stufen, jeweils um 2,5 %, im Bereich 100 % < m < 107,5 % verändert. Die oben genannten Probendurchmesser wurden dabei beibehalten, d. h. das Einsatzvolumen bzw. die Einsatzmasse wurde über die Höhe der Ausgangsteile verändert. Damit war die Voraussetzung für die Untersuchung des Einflusses der Ausgangsform und der Werkstoffeinsatzmasse auf den Schmiedevorgang gegeben.

Für die <u>Werkstückform 2</u> wurden zwei verschiedene, in Bild 6 dargestellte Ausgangsformen eingesetzt. Die Ausgangsform 2.1 wurde so ausgewählt, daß sie durch beidseitiges Anstauchen in einer geteilten, schwimmenden Matrize oder durch Reckwalzen (geeignet für das Schmieden von der Stange) herstellbar ist. Wegen der für die Versuche benötigten geringen Stückzahl wurde diese Ausgangsform spanend hergestellt. Die gleiche Überlegung gilt auch für die Ausgangsform 2.2; sie wurde durch Fräsen statt Ausschneiden in drei Ausgangsdicken (5,5 mm, 6,0 mm und 6,5 mm) gefertigt.

Drei verschiedene Ausgangsformen wurden zum Schmieden der <u>Werkstückform 3</u> verwendet. Die erste Ausgangsform (3.1) entspricht volumenmäßig der zweiten. Die zweite (3.2) hat den gleichen Durchmesser wie der beim Warmgesenkschmieden eingesetzte Stababschnitt. Die Länge wurde allerdings von 80 mm auf 83 mm erhöht. Dadurch wurde das Wegrutschen des Ausgangsteils (im Augenbereich) beim Anstauchen (am Anfang des Schmiedevorgangs) verhindert und somit eine vollständige Gravurfüllung gesichert. Die dritte Ausgangsform (3.3) wurde im Hinblick auf eine vollständige Gravurfüllung bei möglichst geringem Kraftbedarf optimiert. Sie wurde spanend hergestellt, könnte aber ebenfalls durch Verjüngen mit $\varphi_A = 0{,}4$ und $2\,\alpha = 40\,°$ in größerer Menge produziert werden [4]. Der größtmögliche Umformgrad φ_A und der Schulterwinkel α sind werkstoffabhängig. Die Werkstückform 4 verlangte wegen der örtlich unterschiedlichen Werkstoffanhäufungen (Bild 16) eine Ausgangsform mit entsprechender Massenverteilung. Die verwendete abgesetzte Ausgangsform (4.1) müßte wegen des größeren Umformgrads φ_A = 1,14 anstatt durch Verjüngen fließgepreßt werden.

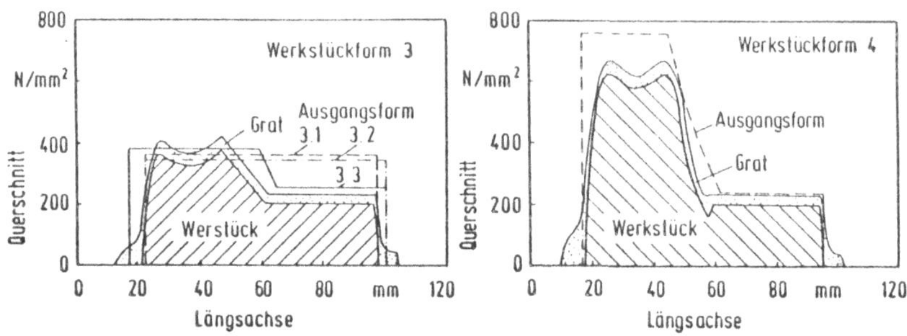

Bild 16 : Massenverteilungsschaubild

4.3.4 Gratbahnbreite, Gratdicke und Gratbahnverhältnis

Vom Warmgesenkschmieden her ist bekannt, daß die Gestaltung des Gratspaltes einen starken Einfluß auf die Verfahrenskenngrößen hat. Der Anteil des Grates an der gesamten Umformkraft kann bei bestimmten Werkstückgeometrien (kleine, komplizierte Teile, bei denen das Querschnittverhältnis A_{gr}/A_G ungünstig liegt) und wegen der starken Abkühlung des Grates größer als der der Gravur sein. Eine derartige Abkühlung liegt beim Kaltgesenkschmieden natürlich nicht vor, wohl aber eine stärkere Verfestigung des Werkstoffes im Gratspalt. Da es sich dabei stets um kleine Schmiedeteile handelt, ist das Verhältnis A_{gr}/A_G und damit F_{gr}/F_G immer ungünstig. Der Einfluß des Gratspalts beim Kaltgesenkschmieden wurde daher ausführlich untersucht.

An den am Institut für Umformtechnik gebauten Werkzeugen (Werkstückform 1 und 2) besitzt der Gratspalt einen rechteckigen Querschnitt, d. h. mit parallelen Gratbahnen. Dieser Gratspalttyp wurde gewählt, weil er in der Praxis am meisten angewendet wird. Die Gratbahnbreite b, ein werkzeugseitiger Parameter,

beträgt jeweils 4 mm, 6 mm und 8 mm.
Die Gratdicke wurde in Abhängigkeit von Werkstück- und Ausgangsform sowie eingesetztem Werkstückwerkstoff zwischen 1,0 mm und 3,5 mm verändert. Dadurch lag das Gratbahnverhältnis b/s im Bereich $1{,}6 < b/s < 6{,}7$.
Die Gratspalte der Werkzeuge für die Werkstückformen 3 und 4 wurden nach industriellen Erfahrungswerten örtlich unterschiedlich gestaltet. Je nach der gewünschten örtlichen Bremswirkung durch den Gratspalt wurde das Gratbahnverhältnis im Bereich $3{,}5 < b/s < 10$ variiert.

4.3.5 Schmierung

Wie bereits im Abschnitt 3.3 erwähnt, haben sich die Kombinationen Zinkphosphat bzw. Kalziumaluminat als Trägerschicht und Bonderlube 234 bzw. Molydag 15 (Ck 15) als Schmierstoff beim Kaltgesenkschmieden der Werkstückformen 1 und 2 gut bewährt.

Da sowohl das Aufbringen als auch das Entfernen der Trägerschichten nach der Umformung aufwendig ist, wurde beim Kaltgesenkschmieden der Werkstückformen 2, 3 und 4 auf die Trägerschicht verzichtet. Bei diesen Formen ist zur Füllung der Gravur kein bzw. nur ein verhältnismäßig geringes Steigen des Werkstückwerkstoffs notwendig. Eine starke Oberflächenvergrösserung wie im Zapfenbereich der Werkstückform 1 trat nicht auf. Die Ausgangsteile aus Stahl wurden daher lediglich mit dem Gleitlack 321 R der Firma Dow Corning GmbH, München geschmiert. Für die Ausgangsteile aus Aluminiumlegierungen wurde Zinkstearat verwendet, da Versuche mit verschiedenen Preßölen wegen ihrer guten Schmiereigenschaften mit verringerter Bremswirkung im Gratspalt das vollständige Füllen der Gravur verhindern. Gegenüber den Preßölen hat der Festschmierstoff Zinkstearat allerdings zwei Nachteile:

- Die Oberfläche der mit Zinkstearat als Schmierstoff geschmiedeten Teile ist wegen seiner hohen Druckbeständigkeit etwas schlechter als bei den Preßölen.
- Das Zinkstearat setzt sich während des Schmiedevorgangs in die Gravurecken fest, so daß die Gravur öfter gereinigt werden muß.

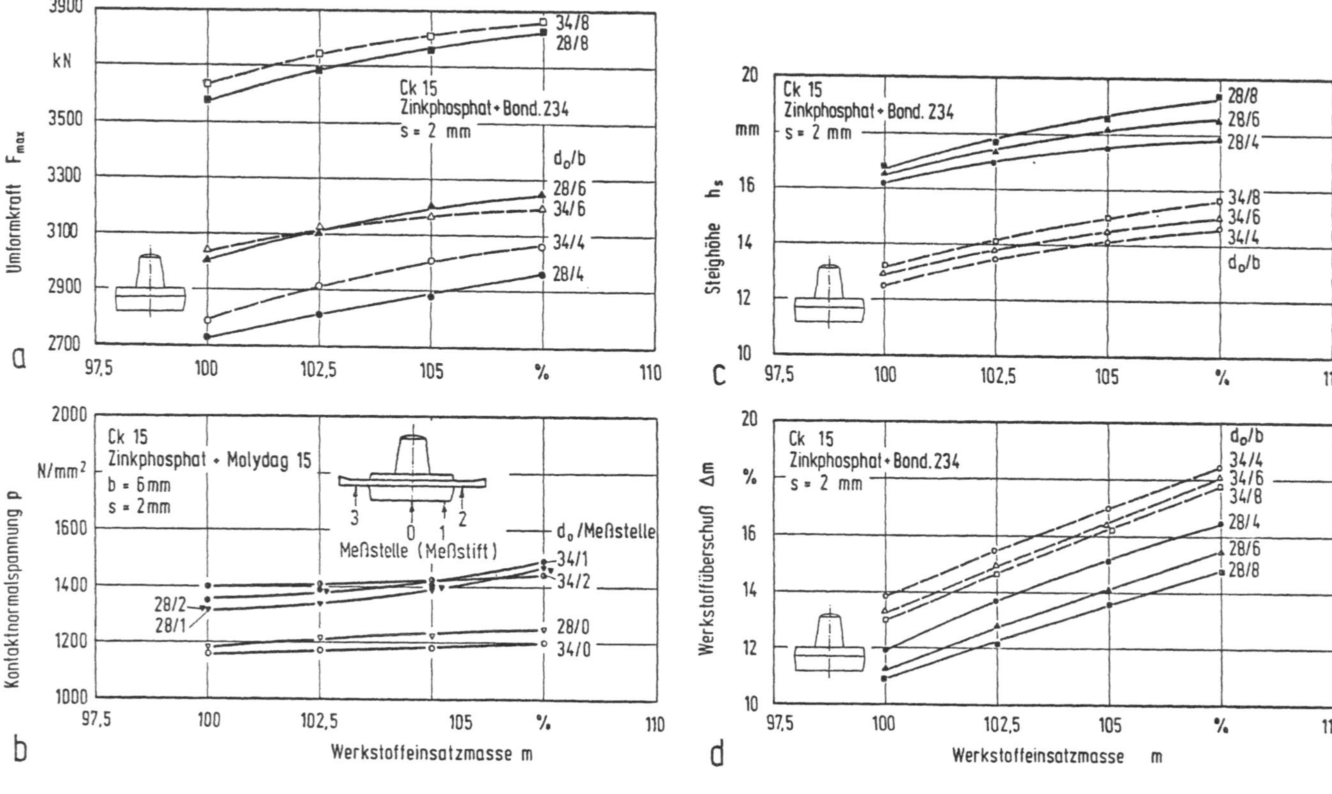

Bild 17 a-d : Einfluß von Ausgangsform und Werstoffeinsatzmasse auf F_{max} , p , h_s und Δm

5 Ergebnisse der experimentellen Untersuchungen

In Abhängigkeit von den aufgeführten Parametern wurden deren Einflüsse auf die folgenden Verfahrenskenngrößen untersucht:

- Maximale Umformkraft
- Kontaktnormalspannung
- Steighöhe des Zapfens
- Werkstoffüberschuß

Außerdem wurden die Änderungen der mechanischen Werkstoffeigenschaften wie Härte und Streckgrenze sowie die Änderungen der Bauteileigenschaften (Werkstückform 2) durch Kaltgesenkschmieden ermittelt.

Im folgenden werden aus Gründen der Übersichtlichkeit nur ausgewählte Ergebnisse von Versuchen und theoretischen Untersuchungen wiedergegeben.

5.1 Einfluß der Ausgangsform

Werkstückform 1

Während beim Warmgesenkschmieden der entsprechenden Werkstücke die Umformkraft, die Werkzeugbeanspruchung und die Formfüllung annähernd unabhängig von der Ausgangsform sind [5, 6], wurden beim Kaltgesenkschmieden je nach eingesetztem Werkstoff unterschiedliche Abhängigkeiten ermittelt. Der Schmiedevorgang kann demnach durch eine geeignete Ausgangsform günstig beeinflußt wurden.

Ck 15

Bei Gratbahnbreiten b = 4 mm und 8 mm ergab sich für schlanke Ausgangsteile (d_o = 28 mm) über dem ganzen untersuchten Bereich der Werkstoffeinsatzmasse ein geringerer Kraftbedarf als für flachere Ausgangsteile (d_o = 34 mm, Bild 17 a). Dies steht im Einklang mit Ergebnissen von Stauchen in ebenen Stauchbahnen, wonach flache Proben größere Umformkräfte als schlankere erfordern [14]. Zudem trägt der Kraftanteil im Gratbereich beim Kaltgesenkschmieden stärker zur Gesamtumformkraft bei als im Falle des Warmgesenkschmiedens. Dieser Kraftbeitrag ist noch größer bei flacheren Ausgangsteilen, wobei der Freistauchvorgang früher beendet ist, denn der Werkstoff legt sich schneller an die Gesenkwand an als bei schlankeren Ausgangsteilen.

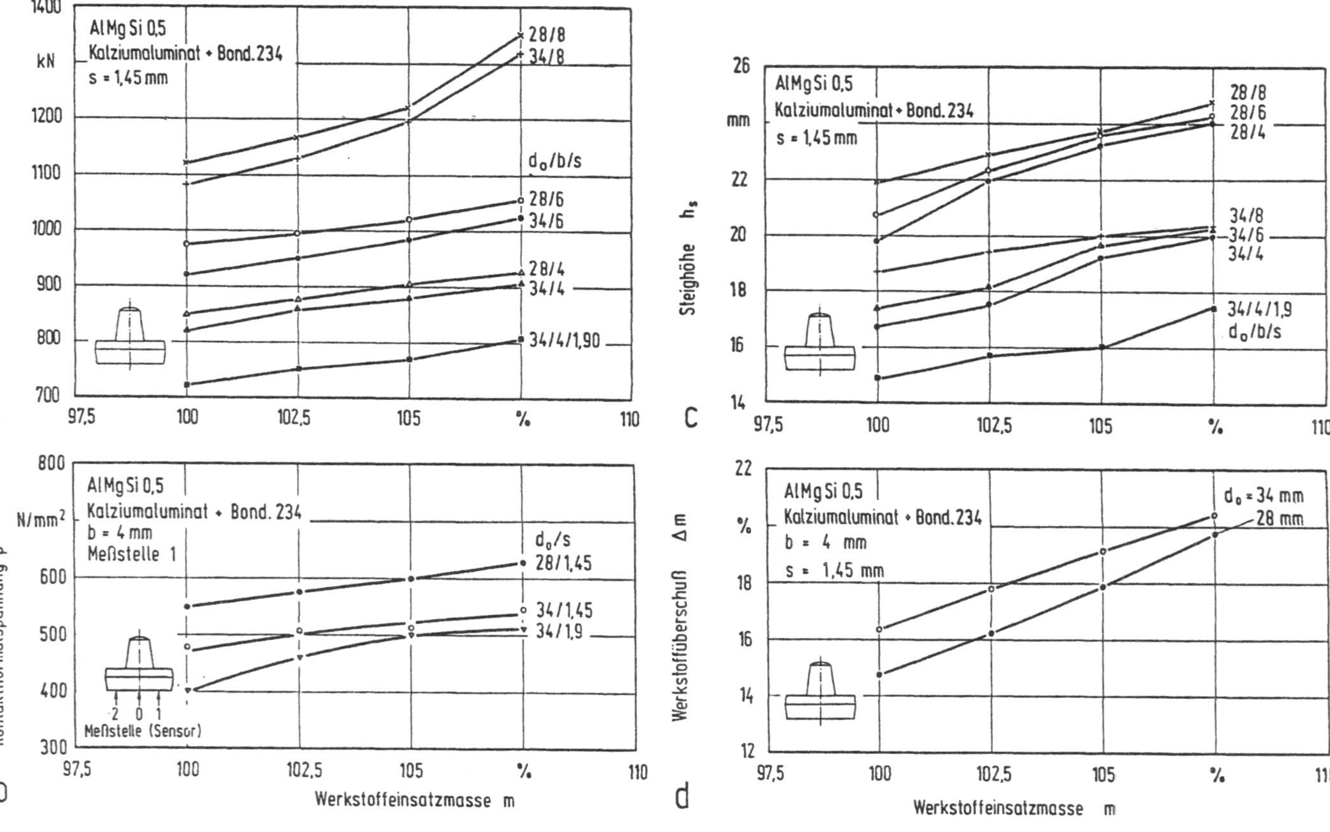

Bild 18 a-d : Einfluß von Ausgangsform und Werkstoffeinsatzmasse auf F_{max} , p , h_s und Δm

Der Grat wird dadurch früher gebildet,und am Ende des Schmiedevorgangs ist der Gratdurchmesser vergleichsweise größer. Der Unterschied in der Umformkraft zwischen den beiden Ausgangsformen ist bei b = 6 mm allerdings geringer und von der Einsatzmasse abhängig.
Bild 17 b zeigt die mit Sensoren ermittelten Kontaktnormalspannungen. In der Gravurmitte (Meßstelle 0) liegt die Kontaktnormalspannung bei der flacheren Ausgangsform etwas niedriger als bei der schlankeren, in Richtung des Grates nimmt sie jedoch höhere Werte an.
Deutlichere Unterschiede zwischen den beiden Ausgangsformen wurden für die Steighöhe des Zapfens festgestellt (Bild 17 c). Demnach wirkt sich die Ausgangsform vor allem auf die Steighöhe aus. Wenn anstelle von Ausgangsteilen mit d_o = 34 mm solche mit d_o = 28 mm verwendet werden, beträgt der Gewinn an Steighöhe etwa 27 % (m = 100 % , b = 6 mm) bei gleichzeitiger Verringerung des Werkstoffüberschusses um 15 % (Bild 17 d).

Aluminiumlegierungen

Während bei der Legierung AlMgSi 0,5 die flachere Ausgangsform grundsätzlich eine niedrigere Umformkraft (Bild 18 a) erfordert, wurden bei Al 99,5 bereits für b = 6 mm größere Umformkräfte als bei den schlankeren Ausgangsformen gemessen (Bild 19 a). Der Unterschied ist noch größer für b = 8 mm. Bemerkenswert ist bei dieser Gratbahnbreite jedoch der steile, von Ck 15 abweichende Anstieg von F_{max} ab m = 105 % sowohl für AlMgSi 0,5 als auch für Al 99,5. In dem Bereich oberhalb m = 105 % ist der Unterschied im Kraftbedarf zwischen den beiden Legierungen am größten. Die Legierung AlMgSi 0,5 erfordert je nach Gratspaltgeometrie eine bis zu 30 % höhere Umformkraft als Al 99,5.
Der Zusammenhang zwischen Kontaktnormalspannung und Ausgangsform entspricht qualitativ demjenigen zwischen Umformkraft und Ausgangsform (Bilder 18 b, 19 b).
Mit den beiden Legierungen wurden infolge ihrer niedrigeren Fließspannungen gegenüber Ck 15 größere Steighöhen erreicht, wobei Al 99,5, da es noch weicher als AlMgSi 0,5 ist, im allgemeinen die größten Steighöhen lieferte (Bilder 18 c, 19 c).

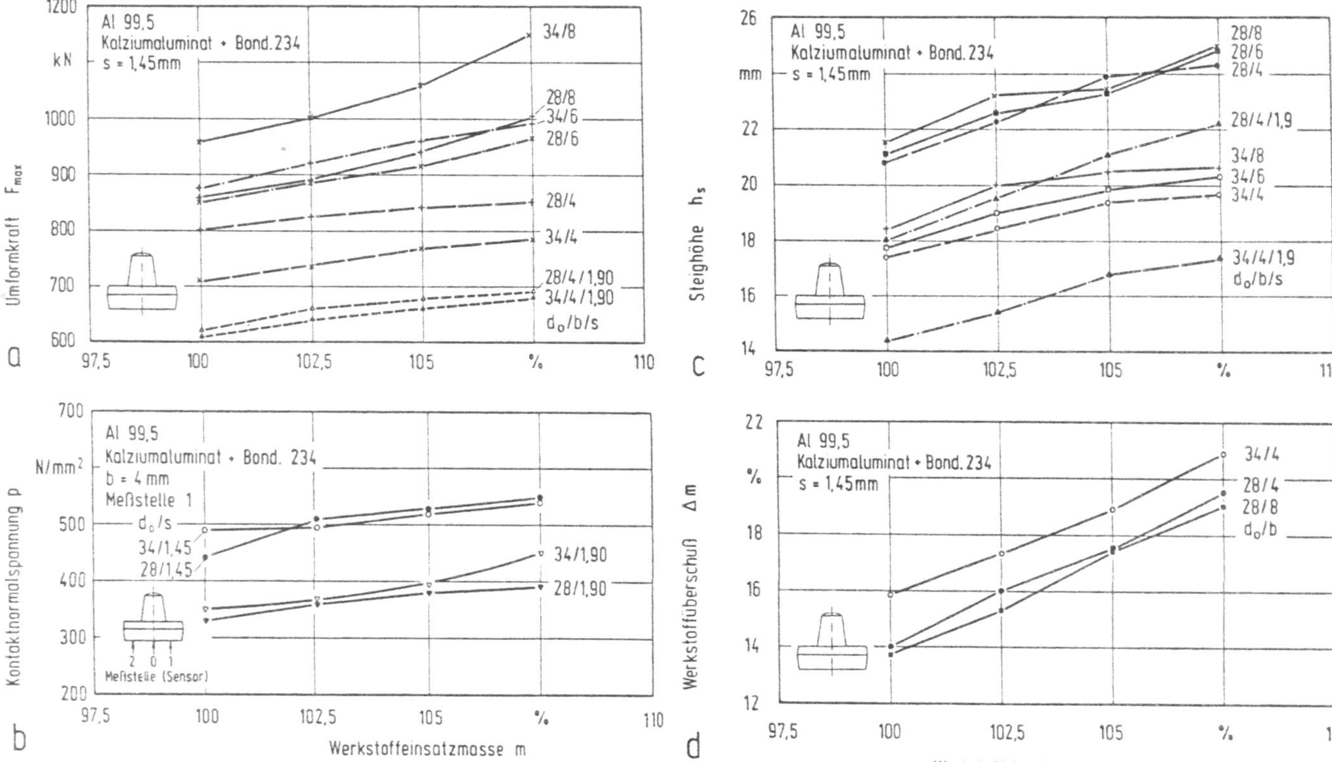

Bild 19 a-d : Einfluß von Ausgangsform und Werkstoffeinsatzmasse auf F_{max} , p , h_s und Δm

Der Einfluß der Ausgangsform auf die Steighöhe und den Werkstoffüberschuß ist tendenziell ähnlich wie bei Ck 15, wobei die schlanke Ausgangsform (d_o = 28 mm) stets größere Steighöhe und geringeren Werkstoffüberschuß bedeutet. Die Absolutwerte des Werkstoffverlusts sind bei den beiden Aluminiumlegierungen größer als bei Ck 15, da die Scheibendicke lediglich 13 mm anstatt 13,5 mm bei Werkstücken aus Ck 15 betrug (Bild 6). Das Werkstoffeinsatzvolumen war jedoch gleich (Bilder 18 d, 19 d).

Werkstückform 2

Für diese Werkstückform wurde die Auswirkung der Ausgangsform auf die Umformkraft und die in den beiden Augen mit Sensoren ermittelten Kontaktnormalspannungen untersucht. Während für die runde Ausgangsform (2.1) die Gravur in dem untersuchten Gratdickenbereich stets ausgefüllt war, mußte bei der flachen Ausgangsform (2.2) je nach Aufangsdicke eine etwas kleinere Gratdicke gewählt werden. Dies hatte stets eine Erhöhung der Umformkraft und der Kontaktnormalspannung zur Folge (Bilder 20 a bis d und 21).

Werkstückform 3

Die in Tabelle 3 zusammengestellten gemessenen Umformkräfte machen wiederum die Auswirkung der Ausgangsform ersichtlich. Die Ausgangsform 3.2 erforderte lediglich 90 %,und die Ausgangsform 3.3 sogar nur 75 % der für die Ausgangsform 3.1 aus AlMg 4,5 Mn erforderlichen Umformkraft. Die Kraftersparnis von 25 % (Ausgangsform 3.3) setzte allerdings einen zusätzlichen Energieaufwand für die Ausgangsformherstellung - Drehen oder Verjüngen - voraus. (Die Kraftberechnung sowie die Abweichung zwischen berechneten und gemessenen Umformkräften ΔF sind in Abschnitt 7.1.3 beschrieben.)

Beim Gesenkschmieden soll aber die gewählte Ausgangsform nicht nur ein Minimum an Umformkraft und eine vollständige Formfüllung sowie einen möglichst geringen Werkstoffverlust gewährleisten, sondern ebenfalls eine gezielte Verfestigung des Werkstoffes und damit eine Optimierung der örtlichen Werkstoffeigenschaften; dabei ist auch die fertigungsgerechte, reproduzierbare Herstellung der Ausgangsform zu berücksichtigen.

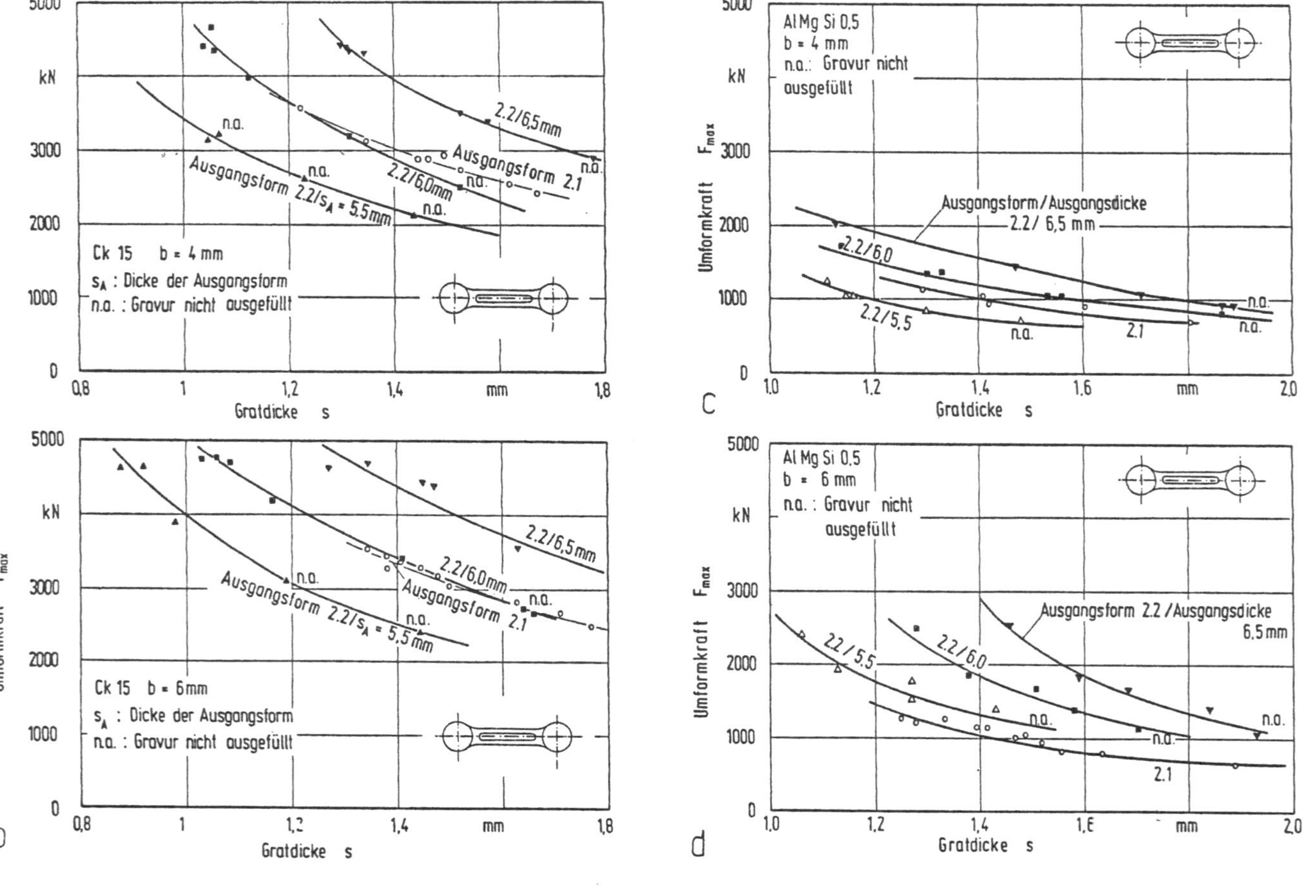

Bild 20 : Umformkraft in Abhängigkeit von Gratdicke und Ausgangsform

Tabelle 3: Gemessene und berechnete Umformkräfte

Werkstück-form 3	Ausgangs-form	F gemessen kN	%	F berechnet kN	ΔF %
AlMgSi 1	3.1	2133,7	100,0	2384,2	12,0
	3.2	1937,5	90,4	2186,6	13,0
	3.3	1864,0	87,4	1885,8	1,3
AlCuMg 2	3.1	3384,5	100,0	3629,2	7,2
	3.2	2643,0	78,1	3063,2	15,9
	3.3	2477,0	73,2	2702,2	9,1
AlMg 3	3.1	3354,0	100,0	2848,2	- 16,0
	3.2	3237,5	96,5	2813,5	- 13,1
	3.3	2486,8	74,1	2286,3	- 8,0
AlMg 4,5 Mn	3.1	4243,0	100,0	4312,4	1,6
	3.2	3826,0	90,2	4016,5	5,0
	3.3	3149,0	74,2	3320,0	5,0
Werkstück-form 4	**Ausgangs-form**	**F gemessen kN**	**%**	**F berechnet kN**	**ΔF %**
AlMgSi 1	4.1	3715	56,1	3998	7,6
AlCuMg 2	4.1	5616	84,8	5937	5,7
AlMg 3	4.1	4903	74,0	4863	- 0,8
AlMg 4,5 Mn	4.1	6622	100,0	7151	8,0

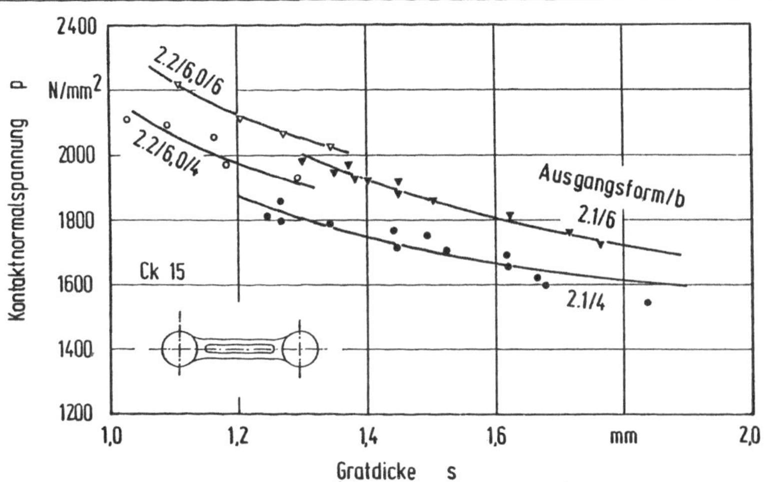

Bild 21 : Kontaktnormalspannung in Abhängigkeit von Gratdicke und Ausgangsform

5.2 Einfluß der Werkstoffeinsatzmasse

Beim Warmgesenkschmieden ist neben dem Mindestdruck, der am Grateinlauf oder in der Gravur erforderlich ist, um die Gravur mit Werkstoff auszufüllen, auch die Werkstoffeinsatzmasse als Kriterium für das Ausfüllen der Gravur anzusehen.

Infolge der Verfestigung des Werkstückwerkstoffes ist beim Kaltgesenkschmieden ein noch stärkerer Einfluß der Werkstoffeinsatzmasse auf die untersuchten Verfahrenskenngrößen zu erwarten.

Werkstückform 1

Bei konstant gehaltenen Parametern wie Ausgangsform, Gratdicke, Gratbahnbreite sowie Schmierung bewirkt eine Erhöhung der Einsatzmasse ausschließlich eine Steigerung der Umformkraft und damit der Kontaktnormalspannung (Bilder 17 a bis b, 18 a bis b und 19 a bis b), wobei die Steigerung wiederum vom Werkstückwerkstoff abhängig ist.
Die Steighöhe verhält sich dabei analog (Bilder 17 c, 18 c und 19 c). Es gibt demnach drei Möglichkeiten, die Steighöhe zu erhöhen bzw. eine bestimmte Steighöhe zu erreichen:

- Erhöhung der Einsatzmasse
- Verwendung einer schlankeren Ausgangsform bei gleicher Einsatzmasse oder
- Erhöhung des Gratbahnverhältnisses.

Die größte Wirkung verspricht die Verwendung einer schlankeren Ausgangsform. Bei einer Erhöhung der Einsatzmasse von 100 % auf 107,5 % beträgt der Gewinn an Steighöhe 17 % bei gleichzeitiger Krafterhöhung um 10 % (Bilder 17 c, d_o = 34 mm, b = 4 mm). Dagegen beträgt der Steighöhenzuwachs 30 % bei 2 % weniger Kraftbedarf, wenn anstelle von Ausgangsteilen mit d_o = 34 mm solche mit d_o = 28 mm verwendet werden (m = 100 %). Der Werkstoffüberschuß geht dabei von 14 % auf 12 % zurück (Bild 17 d, m = 100 %, b = 4 mm).
Eine erhöhte Einsatzmasse geht also nicht ausschließlich in den Zapfen, was einer größeren Steighöhe zugute kommen würde, sondern auch gleichzeitig in den Gratspalt und führt zu einem höheren Werkstoffüberschuß (Bilder 17 d, 18 d und 19 d).

Werkstückform 2
Die Bilder 20 a bis d zeigen die Auswirkung einer Erhöhung der Werkstoffeinsatzmasse auf die erforderliche Umformkraft beim Schmieden der Werkstückform 2. Bei gleich gewählter Gratdicke verursachte eine Erhöhung der Einsatzmasse, z. B. von einer Ausgangsdicke von 5,5 mm auf 6,5 mm (Ausgangsform 2.2) stets einen wesentlichen Kraftanstieg. Mit einer größeren Einsatzmasse kann jedoch die Gratdicke bei ausgefüllter Gravur größer gewählt werden, so daß die erforderliche Umformkraft dennoch geringer wird.

Es ist bekannt, daß die Gravur umso besser ausgefüllt wird, je stärker das Fließen des Werkstoffes in den Gratspalt behindert wird. Dies geschieht durch die Reibung an der Gratbahn sowie durch die Verfestigung des Werkstoffes im Gratspalt. Beide Vorgänge lassen sich über die Gratspaltgestaltung beeinflussen.

5.3 Einfluß der Gratdicke

Werkstückform 1
Die Wirkung einer Änderung der Gratdicke auf Umformkraft, Kontaktnormalspannung und Steighöhe entspricht qualitativ der beim Warmgesenkschmieden (Bilder 22 a bis c). Mit zunehmender Gratdicke nehmen diese drei Verfahrenskenngrößen exponentiell ab. Andere Verfahrensparameter wie die Einsatzmasse oder der Ausgangsdurchmesser bewirken lediglich ein Erhöhen oder ein Absenken der Absolutwerte; die exponentiellen Verläufe über der Gratdicke bleiben erhalten.

Werkstückform 2
Der Einfluß der Gratdicke ist bei der Werkstückform 2 ähnlich wie bei der Werkstückform 1 (vgl. Bilder 20, 21 und 23).

5.4 Einfluß der Gratbahnbreite

Werkstückform 1
Eine Vergrößerung der Gratbahnbreite führt uneingeschränkt zu

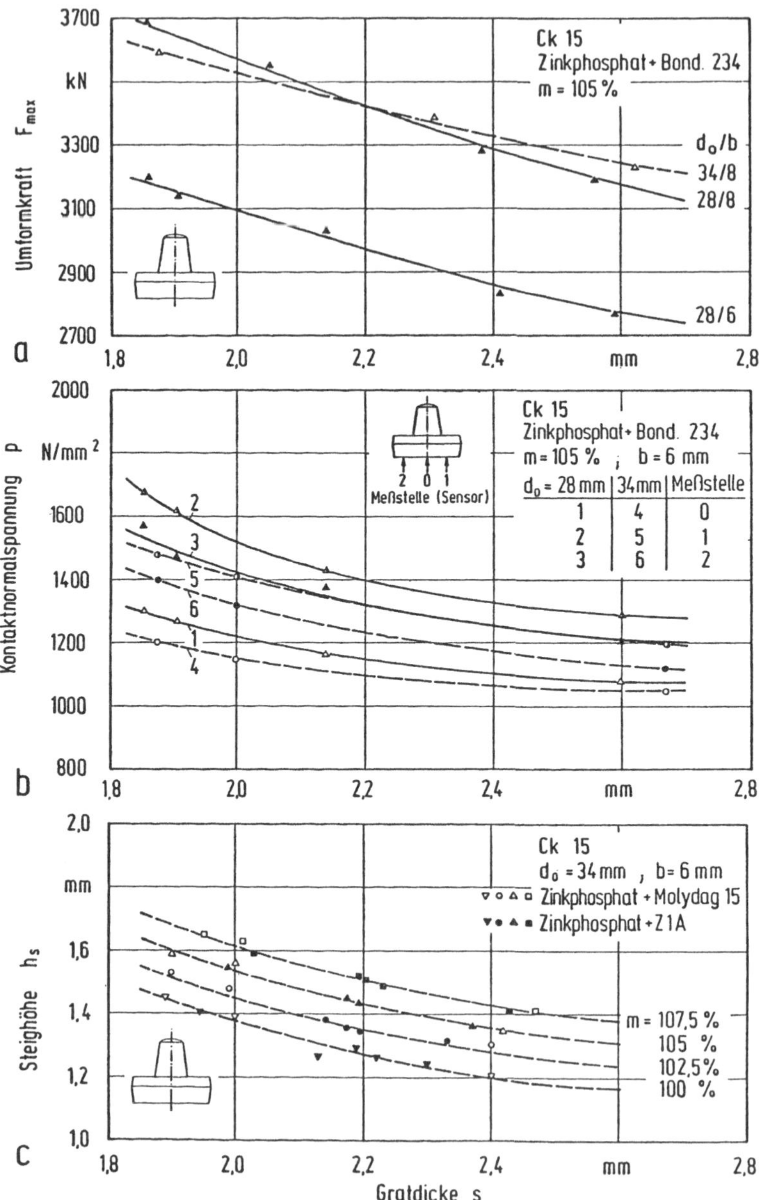

Bild 22 a-c : Einfluß der Gratdicke auf Umformkraft , Kontaktnormalspannung und Steighöhe

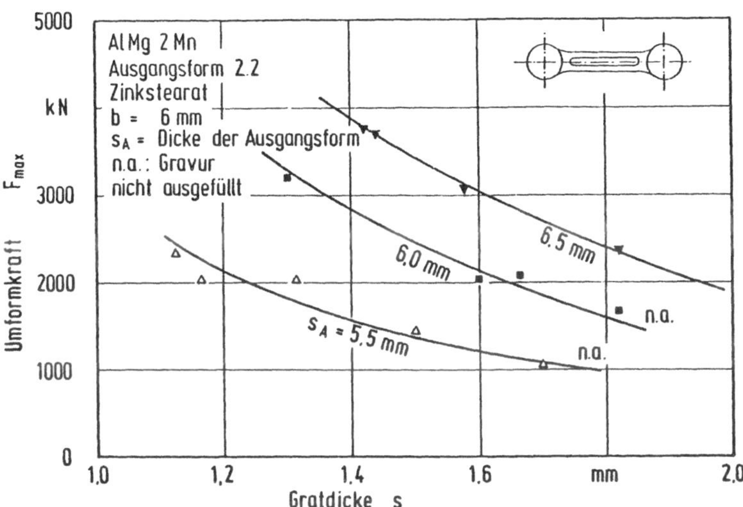

Bild 23 : Einfluß der Gratdicke auf Umformkraft

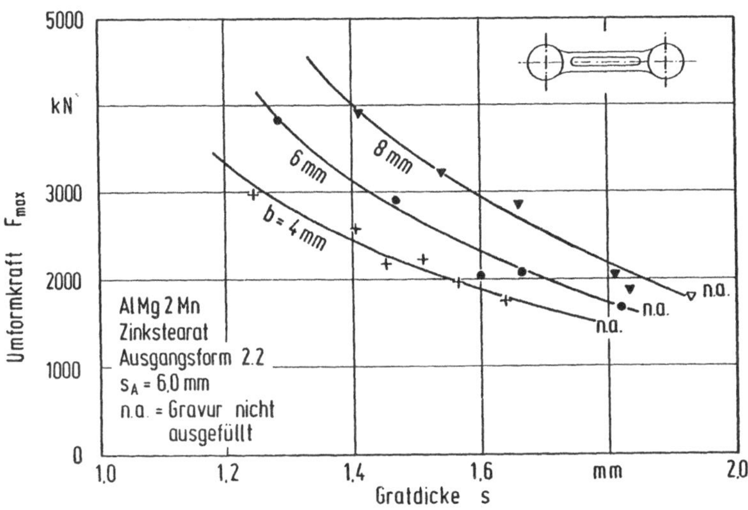

Bild 25 : Einfluß der Gratbahnbreite auf die Umformkraft

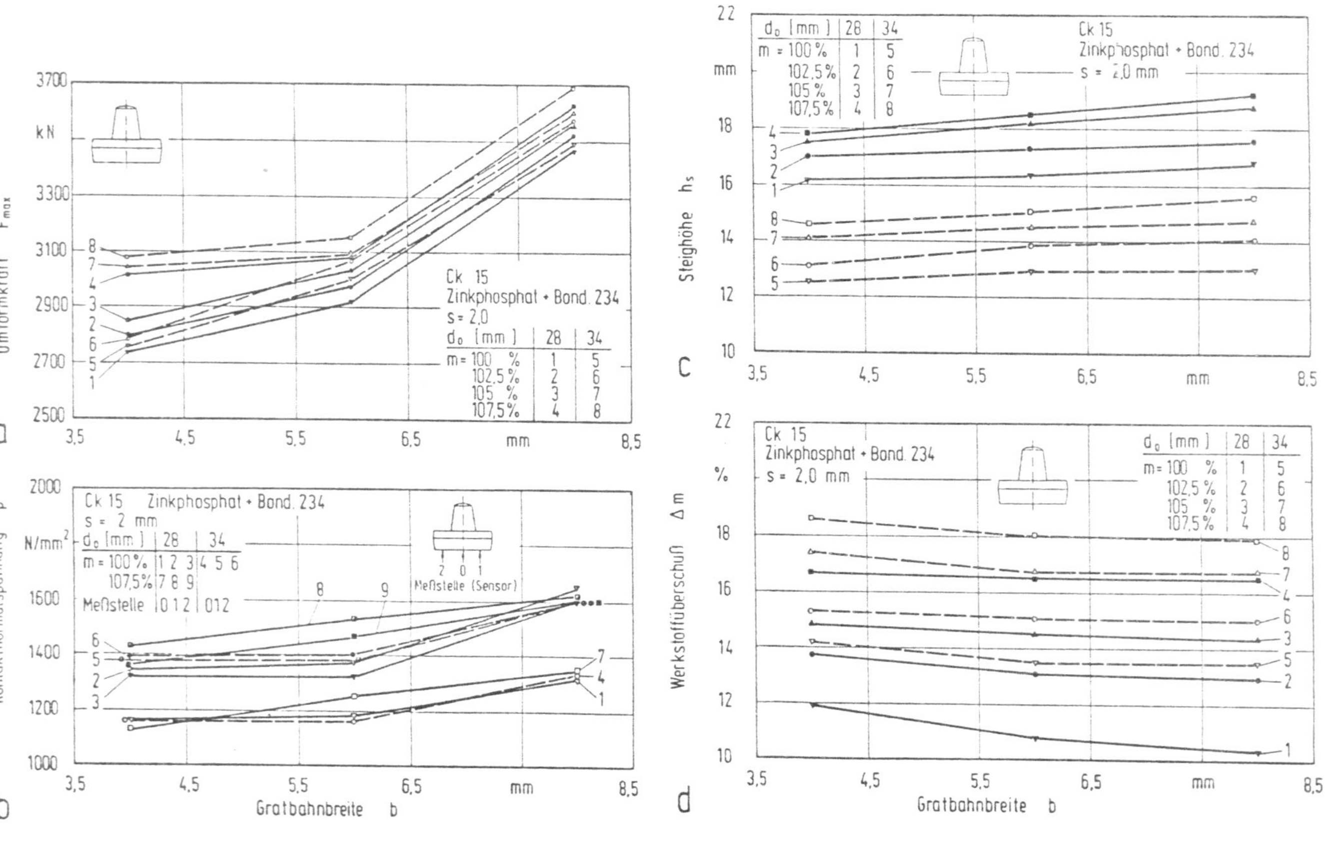

Bild 24 a-d : Einfluß der Gratbahnbreite auf F_{max} , p , h_s und m

einer Krafterhöhung (Bild 24 a); während der Kraftanstieg im Bereich zwischen b = 4 mm und b = 6 mm noch verhältnismäßig flach ist, nimmt die Kraft im Bereich bis b = 8 mm stärker zu. Die Kontaktnormalspannungen reagieren dagegen weniger empfindlich auf eine Vergrößerung der Gratbahnbreite (Bild 24 b).
Die Erwartung, größere Steighöhen durch Vergrößern der Gratbahnbreite erreichen zu können, wurde nicht im erhofften Maße erfüllt. Nennenswerte Steighöhenverbesserungen sind nur mit schlankeren Ausgangsteilen zu erreichen (Bild 24 c).
Der Werkstoffüberschuß verhält sich umgekehrt (Bild 24 d). Zwischen b = 6 mm und b = 8 mm nimmt er nur noch geringfügig ab, so daß mit Rücksicht auf Kraftbedarf und Werkzeugbelastung eine Gratbahnbreite von 6 mm zu empfehlen ist.

Werkstückform 2

In Bild 25 ist der Einfluß der Gratbahnbreite auf die Umformkraft beim Schmieden der Werkstückform 2 dargestellt. Bei kleinen Gratdicken, z. B. s = 1,4 mm, bewirkt eine Verdoppelung der Gratbahnbreite (von 4 mm auf 8 mm) eine Erhöhung der Umformkraft um etwa 50 %. Bei größeren Gratdicken ist der Einfluß der Gratbahnbreite jedoch schwächer.

5.5 Einfluß des Gratbahnverhältnisses

Analog zur Gratbahnbreite bewirkt eine Vergrößerung des Gratbahnverhältnisses stets eine Erhöhung der Umformkraft und der Kontaktnormalspannung.

Ck 15

Die Umformkraft steigt zunächst flach ($b/s < 3$), im oberen Bereich des Gratspaltverhältnisses ($b/s > 3$) jedoch erheblich steiler an (Bilder 26 a bis d). In diesem Bereich ist der Einfluß der Einsatzmasse geringer. Auch beim Warmgesenkschmieden wurde ein steiler Anstieg der Umformkraft im Bereich $2{,}5 < b/s < 5$ ermittelt [5].
Der Verlauf der Kontaktnormalspannung an der Meßstelle 1, wo die höchste Spannung auftritt, über dem Gratspaltverhältnis ist dagegen beträchtlich flacher.
Auch die Erwartung, größere Steighöhen bzw. geringere Werk-

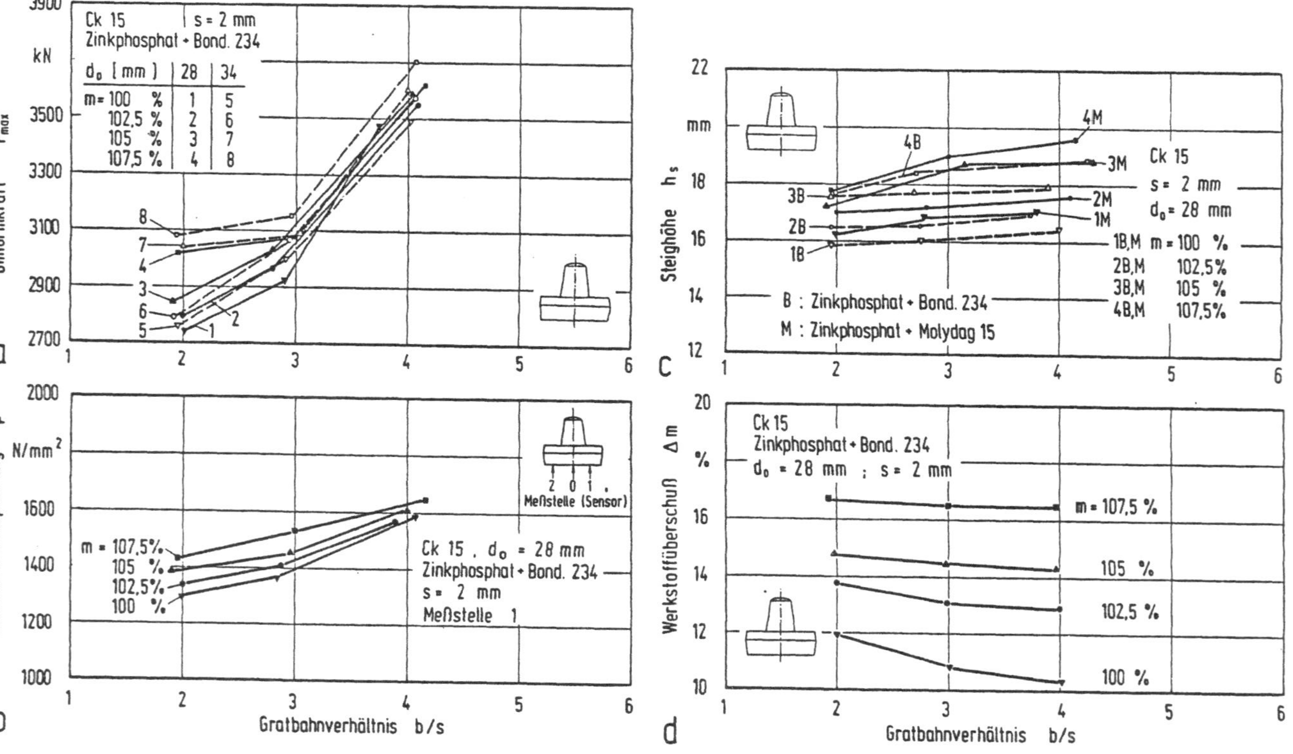

Bild 26 a - d: Einfluß des Gratbahnverhältnisses auf Umformkraft, Kontaktnormalspannung, Steighöhe und Werkstoffüberschuß

stoffüberschüsse durch eine Vergrößerung des Gratbahnverhältnisses zu erreichen, ist nur beschränkt realisierbar. Oberhalb eines Gratbahnverhältnisses von 3,0 ist der Gewinn an Steighöhe nur noch minimal (Bild 26 c). Dies steht im Gegensatz zu Beobachtungen beim Warmgesenkschmieden [5].
Der Werkstoffüberschuß verhält sich der Steighöhe entsprechend. Nur bei der niedrigsten Werkstoffeinsatzmasse (m = 100 %) ist ein nennenswertes Verringern des Werkstoffüberschusses durch Vergrößerung des Gratbahnverhältnisses möglich (Bild 26 d).

Während beim Warmgesenkschmieden das "optimale" Gratbahnverhältnis für die betrachtete Werkstückform bei b/s = 5,5 liegt [6], geht aus den Bildern 26 a bis d hervor, daß beim Kaltgesenkschmieden ein Gratbahnverhältnis von b/s ≈ 3 zu günstigen Werten für Umformkraft, Werkzeugbeanspruchung, Steighöhe und Werkstoffüberschuß führt. Die Gratdicke von 2 mm war jedoch doppelt so groß wie beim Warmgesenkschmieden.

Aluminium

Bei AlMgSi 0,5 und Al 99,5 ist der Kraftanstieg infolge einer Vergrößerung des Gratbahnverhältnisses geringer als bei Ck 15, dabei wurden etwas größere Steighöhen erreicht (Bilder 27 a bis c). Auch hier wurde mit einer größeren Gratdicke (s = 1,45 mm) als beim Warmgesenkschmieden von Stahl geschmiedet (s = 1,0 mm).

5.6 Einfluß der Schmierung

Bei Schmierung der Ausgangsteile mit der Natronseife Bonderlube 234 sind gegenüber dem Schmierstoff Molydag 15 geringere Umformkräfte erforderlich, wobei der Unterschied zwischen den beiden Schmierstoffen mit der Gratbahnbreite größer wird (Bild 28 a).
Die Steighöhe reagierte dagegen umgekehrt. Mit Molydag 15 wurden größere Steighöhen erreicht. Die versuchsweise verwendete Seife Z 1 A hatte die gleiche Wirkung wie Molydag 15 (Bild 28 b).
Im Abschnitt 4.3.5 wurde bereits erwähnt, daß ein guter Schmierstoff, in diesem Fall Bonderlube 234, die Bremswirkung des Gratspalts vermindert. Der Werkstoff fließt damit ver-

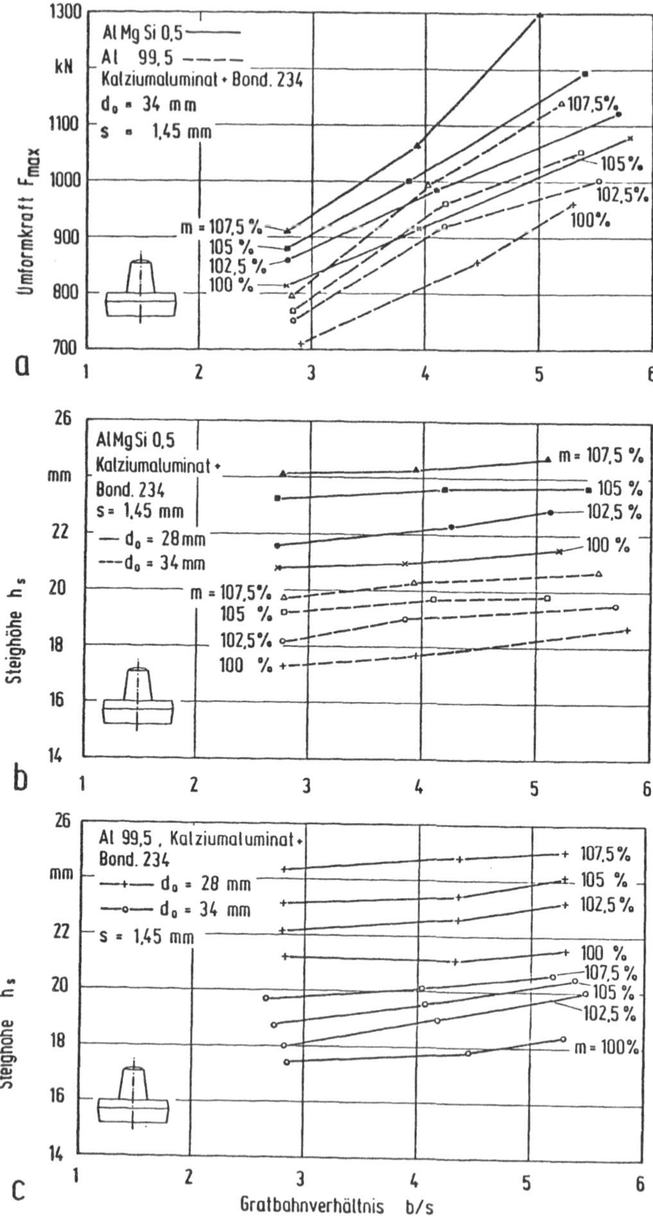

Bild 27 a-c : Einfluß des Gratbahnverhältnisses auf Umformkraft und Steighöhe

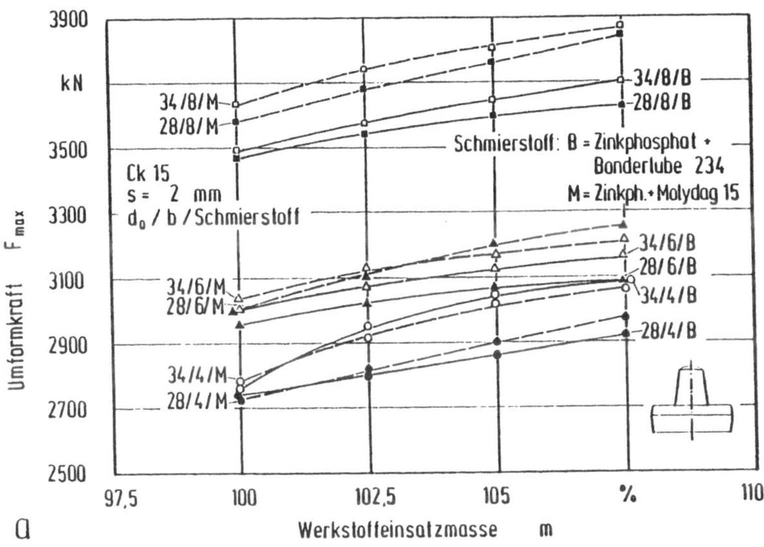

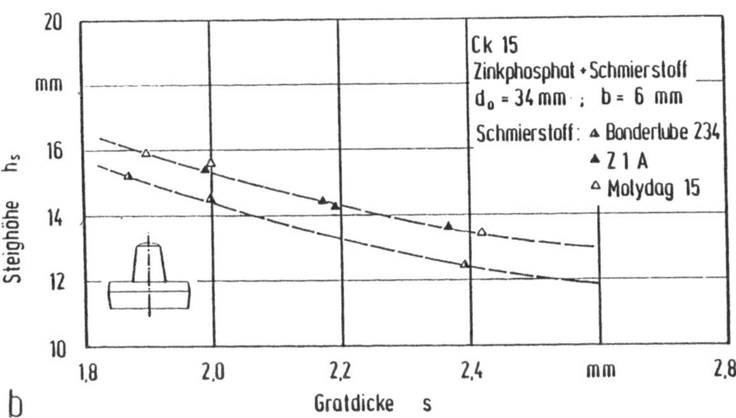

Bild 28 a-b : Einfluß der Schmierung auf Umformkraft und Steighöhe

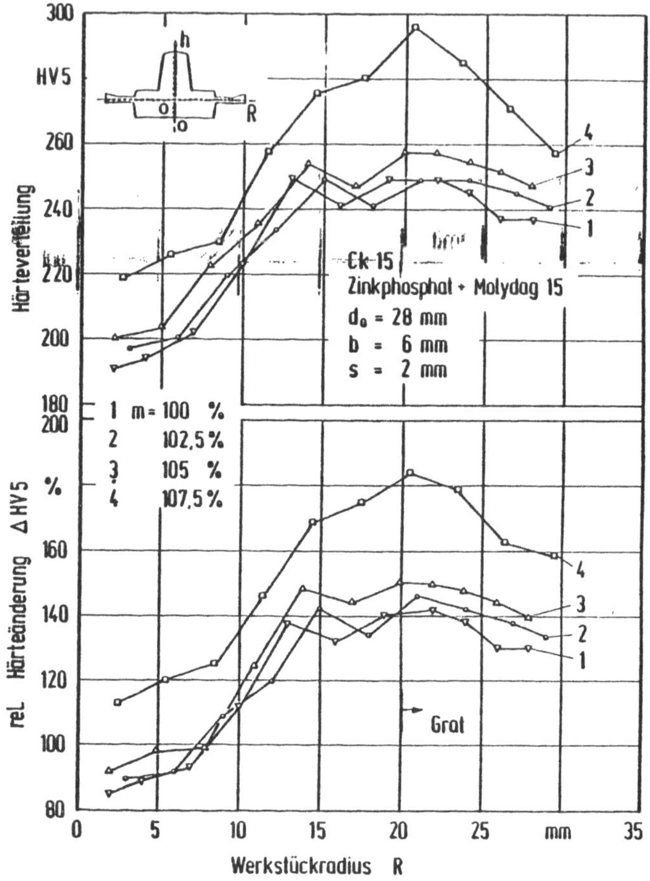

HV5
Härteverteilung
300
260
240
220
200
180
h
R
0
Ck 15
Zinkphosphat + Molydag 15
d_0 = 28 mm
b = 6 mm
s = 2 mm
1 m = 100 %
2 102,5 %
3 105 %
4 107,5 %
rel. Härteänderung ΔHV5
%
160
140
120
100
80
Grat
1
2
3
4
0
5
10
15
20
25
mm
35
Werkstückradius R

Bild 29 : Härteverteilung im Werkstück

B
0
C
A
X

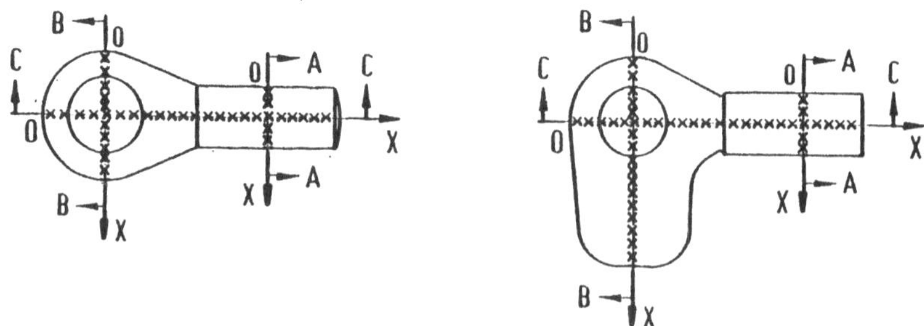

Bild 30 : Härtemessung in verschiedenen Schnittflächen

stärkt durch den Gratspalt in radiale Richtung hinaus, mehr als axial in den Zapfen. Die Folge ist eine geringere Zapfenhöhe (schlechtere Formfüllung) und eine Abnahme der Umformkraft. Diese Verminderung tritt noch mehr in Erscheinung, wenn die Gratdicke abnimmt oder die Gratbahnbreite größer wird.

5.7 Änderung der Eigenschaften des Werkstückwerkstoffes durch Kaltgesenkschmieden

Die Kenntnis der Festigkeitskennwerte und deren Veränderung durch Kaltgesenkschmieden ermöglicht eine beanspruchungsgerechte Auslegung der Bauteile.
Die als Folge der steigenden Versetzungsdichte während der Umformung auftretende Kaltverfestigung des Werkstoffes bewirkt ein Ansteigen der Festigkeitskennwerte ($R_{p0,2}$, R_m, Härte, k_{fo} usw.) sowie ein Abfallen der Zähigkeitskennwerte (A, Z, a_k usw.), da beim Kaltgesenkschmieden keine Kristallerholung und keine Neubildung von Körnern (Rekristallisation) stattfinden. Im folgenden Abschnitt werden die Härteänderung sowie die Änderungen weiterer mechanischer Kennwerte in kaltgeschmiedeten Werkstücken angegeben.

5.7.1 Härteänderung

Das Gesenkschmieden ist ein instationärer Umformvorgang. Dies bedingt eine inhomogene Formänderung und damit örtlich unterschiedliche, mechanische Werkstückeigenschaften, die sich anhand der Härteverteilung im Werkstück sichtbar machen lassen.

Für die Werkstückform 1 wurden die Härteverteilungen entlang der Längsachse sowie quer dazu auf der Höhe des Grates ermittelt (Bild 29). Bei den Werkstückformen 3 und 4 wurde die Härte in verschiedenen Querschnitten entsprechend der Darstellung in Bild 30 gemessen.
Bei der Aufzeichnung der Härteverteilung wurden sowohl die absolute Härte als auch die auf die Härte im Ausgangszustand bezogene prozentuale Härteänderung $HV5 = \frac{HV5-HV5_o}{HV5_o}$ verwendet.

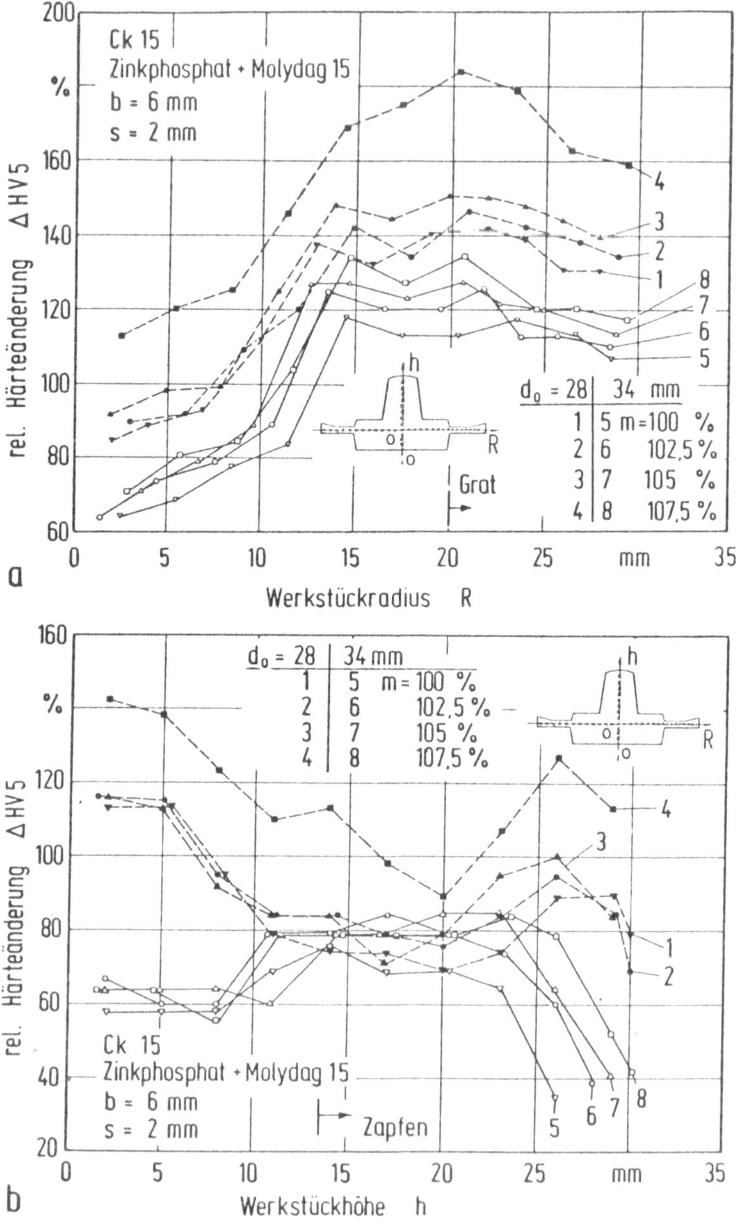

Bild 31 a-b: Einfluß der Ausgangsform und der Einsatzmasse auf die Härteverteilung

5.7.1.1 Einfluß der Ausgangsform und der Werkstoffeinsatzmasse auf die Härteverteilung

Werkstückform 1

Eine Vergrößerung des Ausgangsdurchmessers von 28 mm auf 34 mm beim gleichen Einsatzvolumen wirkt sich allgemein in einer Verringerung der Werkstückhärte aus. Während dabei der grundsätzliche Verlauf der Härteverteilung in radialer Richtung nicht verändert wird (Bild 31 a), führt die Vergrößerung des Ausgangsdurchmessers bei den in Achsrichtung ermittelten Härten zu einem deutlichen Abfall im Boden- und Zapfenbereich (Bild 31 b). Sowohl diese Erscheinung als auch die übrigen Härteverteilungen stehen in gutem Einklang mit Ergebnissen visioplastischer Untersuchungen zur Ermittlung der Formänderungsverteilung, wonach die Umformung solcher Ausgangsformen (34 mm) im Bodenbereich verhältnismäßig gering ist.
Eine Erhöhung der Einsatzmasse führt, insgesamt gesehen, stets zu höheren Härtewerten bei den beiden Ausgangsdurchmessern in Richtung der Werkstückhöhe und quer dazu.

Werkstückform 3

In Bild 32 sind die Härteänderungen der Werkstoffe AlMgSi 1, AlCuMg 2, AlMg 3 und AlMg 4,5 Mn in den Werkstückquerschnitten A - A, B - B und im Längsschnitt C - C (quer durch den Schaft und durch das Auge sowie entlang der Längsachse) dargestellt. Die obere Bildreihe zeigt die Absolutwerte der Härteänderung, die untere stellt wiederum die prozentuale Härteänderung dar. Alle Härteverteilungen weisen einen gemeinsamen Verlauf auf, wonach die höchsten Härtewerte an der Stelle des höchsten Umformgrades (in der Mitte des Querschnittes B - B) auftreten. Die Härte nimmt in Richtung Gratspalt stetig ab, erreicht aber am Grateinlauf nochmals einen Maximalwert, bevor sie im Grat abfällt. Infolge der geringen Umformung im Schaft sowie der kleinen Gravurbreite überwiegt die Wirkung des Grates auf die Härteverteilung über dem Querschnitt A-A, so daß die höchsten Härtewerte im Grat auftreten. Die Härteverteilung über dem Längsschnitt C - C verläuft entsprechend der Formänderung des Werkstoffes. Die Härte nimmt ausgehend vom linken Grateinlauf (X = 0) zunächst ab, steigt dann bis zur Augenmitte und erreicht dort, am Ort der stärksten Umformung, einen Höchstwert.

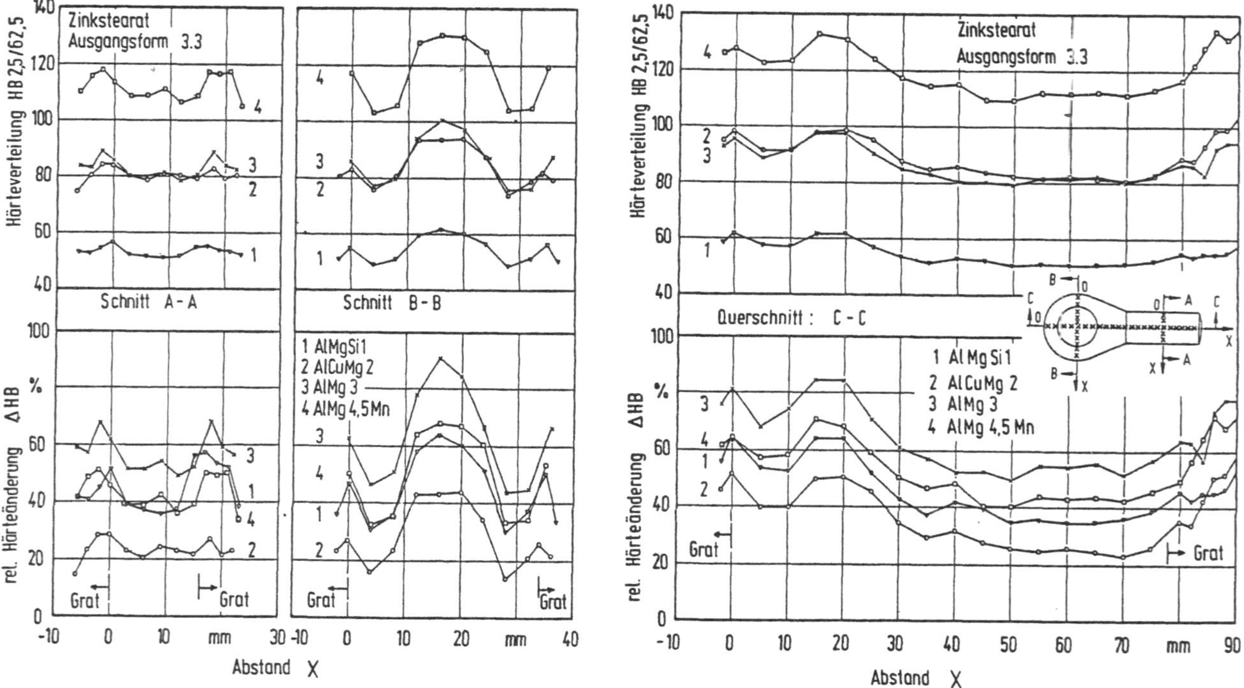

Bild 32: Härteverteilung und Härteänderung durch Kaltgesenkschmieden

Anschließend fällt sie wieder ab, um gegen Ende des Schaftes erneut anzusteigen. Der Einfluß der verwendeten Ausgangsformen auf die Härteverteilung ist aus Bild 33 ersichtlich. Analog zu der Umformkraft bewirkt die Ausgangsform 3.1 die höchste Härtesteigerung im Querschnitt A - A und Längsschnitt C - C ; der aus der Höhenabnahme berechnete Umformgrad φ_G ist ebenfalls bei 3.1 am größten ($\varphi_{G\ A-A}$ (3.1/3.2/3.3) = 0,49/0,27/0,09). Im Querschnitt B - B besitzt die Ausgangsform 3.3 allerdings höhere Werte in der Querschnittsmitte. Dies läßt sich auf den etwas größeren Ausgangsquerschnitt der Ausgangsform 3.3 im Augenbereich gegenüber der Ausgangsform 3.1 zurückführen ($A_{o\ 3.3}/A_{o\ 3.1}$ = 380 mm²/364 mm²).
Die Wahl der Ausgangsform ist für Schmiedeteile aus nichtaushärtbaren Legierungen ausschlaggebend, da diese nach dem Kaltgesenkschmieden ohne zusätzliche Wärmebehandlung eingesetzt werden. Durch eine entsprechende Ausgangsform läßt sich die Härteverteilung im Schmiedeteil gemäß den zu erwartenden Beanspruchungen günstig beeinflussen.

Werkstückform 4

Die Härteverteilungen in der Werkstückform 4 sind analog zu denen in der Werkstückform 3. Auch die Absolutwerte liegen nahe beieinander. Die prozentuale Härtesteigerung liegt je nach Werkstoff zwischen 30 % und 60 %.

Bemerkenswert sind die Legierungen AlCuMg 2 und AlMg 3. Während die Absolutwerte, also die Endhärten der Schmiedeteile, aus diesen Legierungen etwa gleich groß sind, weist die naturharte Legierung AlMg 3 aufgrund ihrer geringeren Anfangshärte (52,8 HB statt 63,3 HB bei AlCuMg 2) und ihres größeren Kaltverfestigungsvermögens (n = 0,17 anstatt n = 0,12 bei AlCuMg 2) eine wesentlich größere Härtesteigerung auf (Bild 34); diese übertrifft auch die Härtesteigerung der Legierung AlMg 4,5 Mn.

5.7.1.2 Einfluß des Gratspaltes auf die Härteverteilung

Der Einfluß des Gratspaltes auf die Härteverteilung kann in Zusammenhang mit seinem Einfluß auf die Umformkraft, die Kontaktnormalspannung und die Steighöhe betrachtet werden. Eine

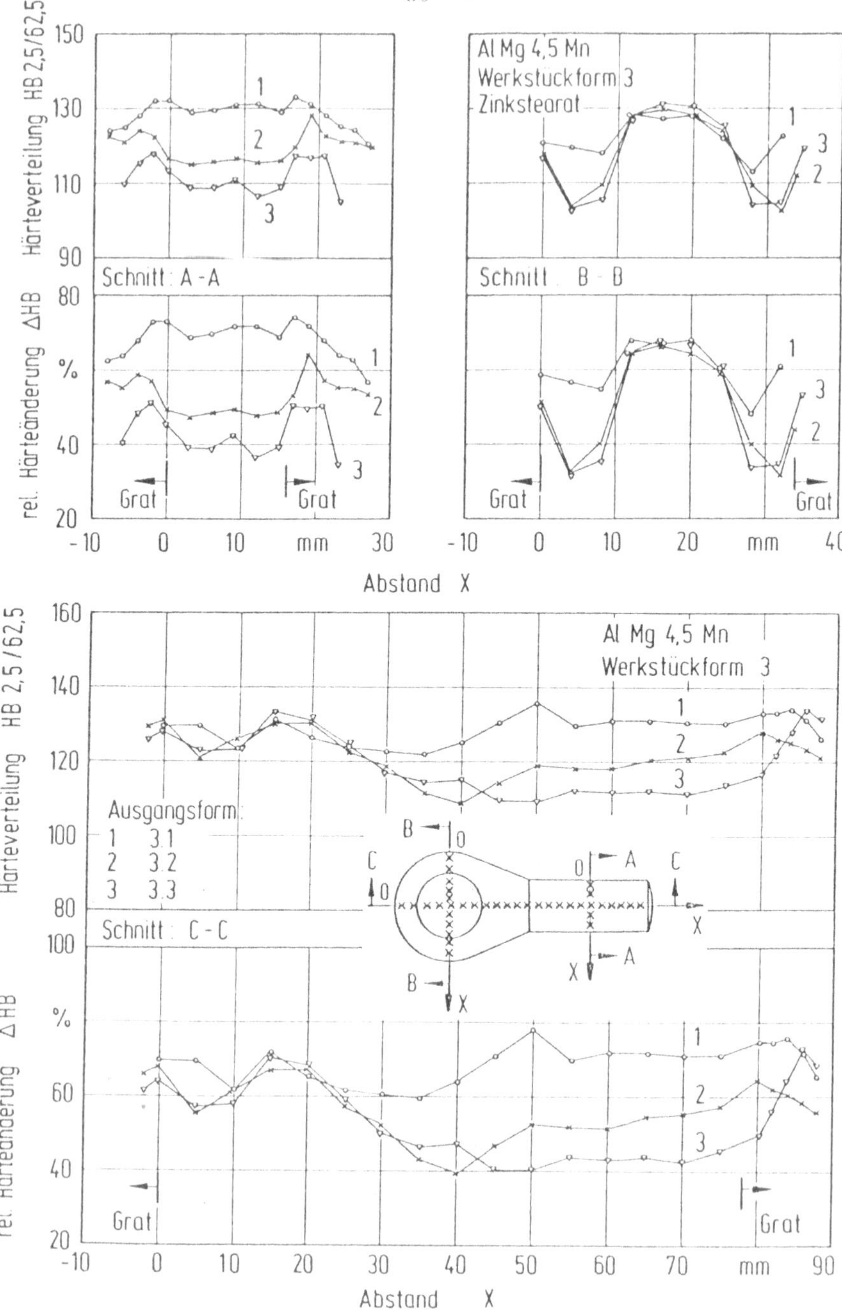

Bild 33 : Einfluß der Ausgangsform auf die Härteverteilung

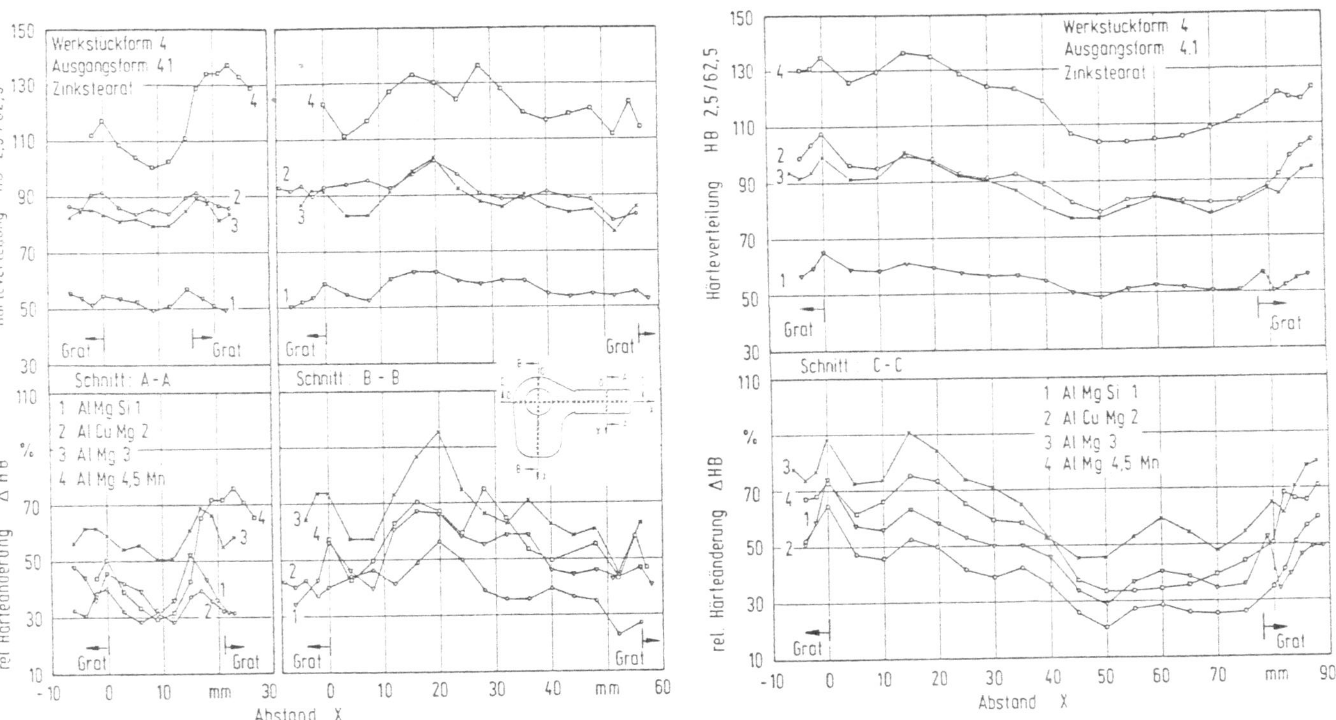

Bild 34 : Härteverteilung und Härteänderung durch Kaltgesenkschmieden

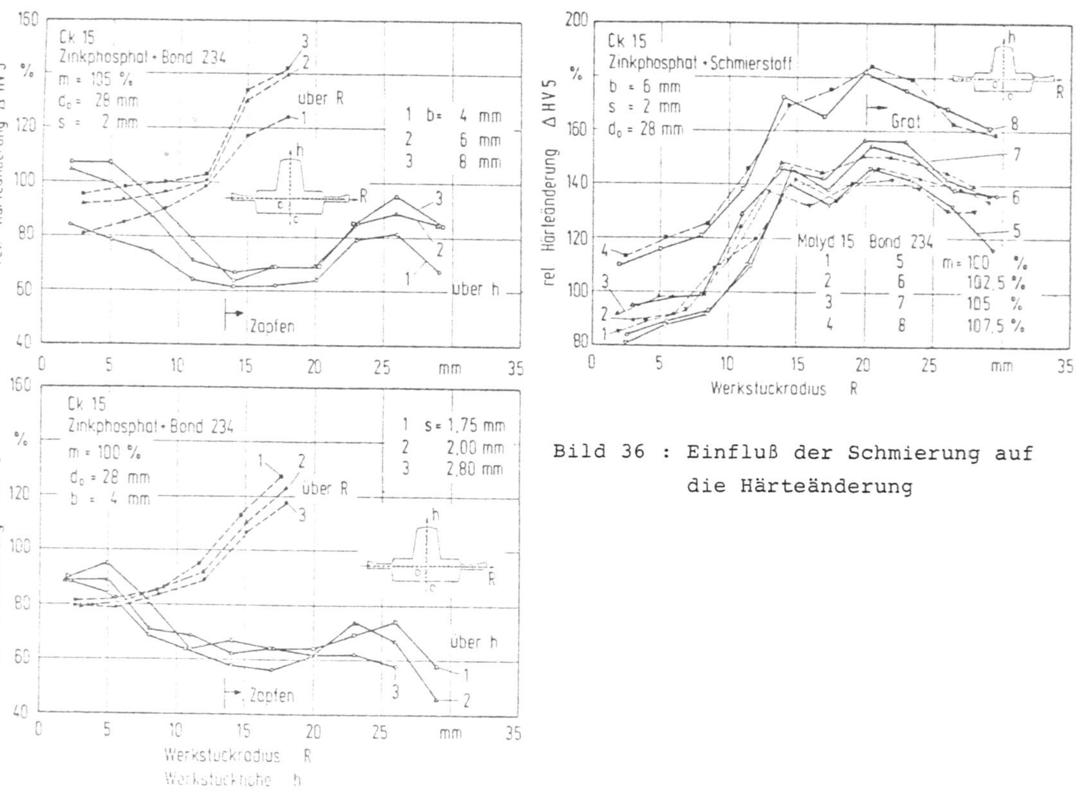

Bild 36 : Einfluß der Schmierung auf die Härteänderung

Bild 35 a-b : Einfluß des Gratspalts auf die Härteänderung

Verkleinerung der Gratdicke oder eine Vergrößerung der Gratbahnbreite führt stets zu höheren Werten. Der grundsätzliche Verlauf der Härteverteilung über Probenhöhe und -durchmesser bleibt dabei erhalten.
Eine Vergrößerung der Gratbahnbreite von 6 mm auf 8 mm liefert trotz des starken Kraftanstiegs (Bild 24 a) nur noch eine geringfügige Härtesteigerung, die geringer als bei der Veränderung der Gratbahnbreite von 4 mm auf 6 mm ist (Bild 35 a).

Demgegenüber führt eine Verkleinerung der Gratdicke zu einer stetigen Härtesteigerung (Bild 35 b).

5.7.1.3 Einfluß der Schmierung auf die Härteverteilung

Die Schmierung hat keinen starken Einfluß auf die Härteverteilung (Bild 36). Im ganzen gesehen weisen die mit Molydag 15 beschichteten Werkstücke etwas höhere Härtewerte als die mit Bonderlube 234 geschmierten auf. Diese Erscheinung steht ebenfalls im Einklang mit dem Kraftbedarf und der Steighöhe.

Die Ergebnisse der Härteermittlung erscheinen plausibel, wenn sie in Zusammenhang mit den örtlichen Formänderungen, mit dem Kraftbedarf sowie mit den Ergebnissen metallographischer Untersuchungen gesehen werden.

5.7.2 Zusammenhang zwischen Härte, Umformgrad und Fließspannung bei kaltgeschmiedeten Werkstücken aus Aluminiumlegierungen

Für einige Stahlwerkstoffe wurde bereits im Schrifttum ein Zusammenhang zwischen Härte und Umformgrad angegeben [50].
Bei Anwendung eines solchen Zusammenhanges auf kaltgeschmiedete Teile besteht die Möglichkeit, aufgrund von Härtemessungen, die sich vergleichsweise einfach durchführen lassen, Aussagen über die räumliche Formänderungsverteilung zu machen und unter Zuhilfenahme der Fließkurven die örtliche Werkstückfestigkeit zu bestimmen.
Ein derartiger Zusammenhang lag für Aluminiumlegierungen nicht

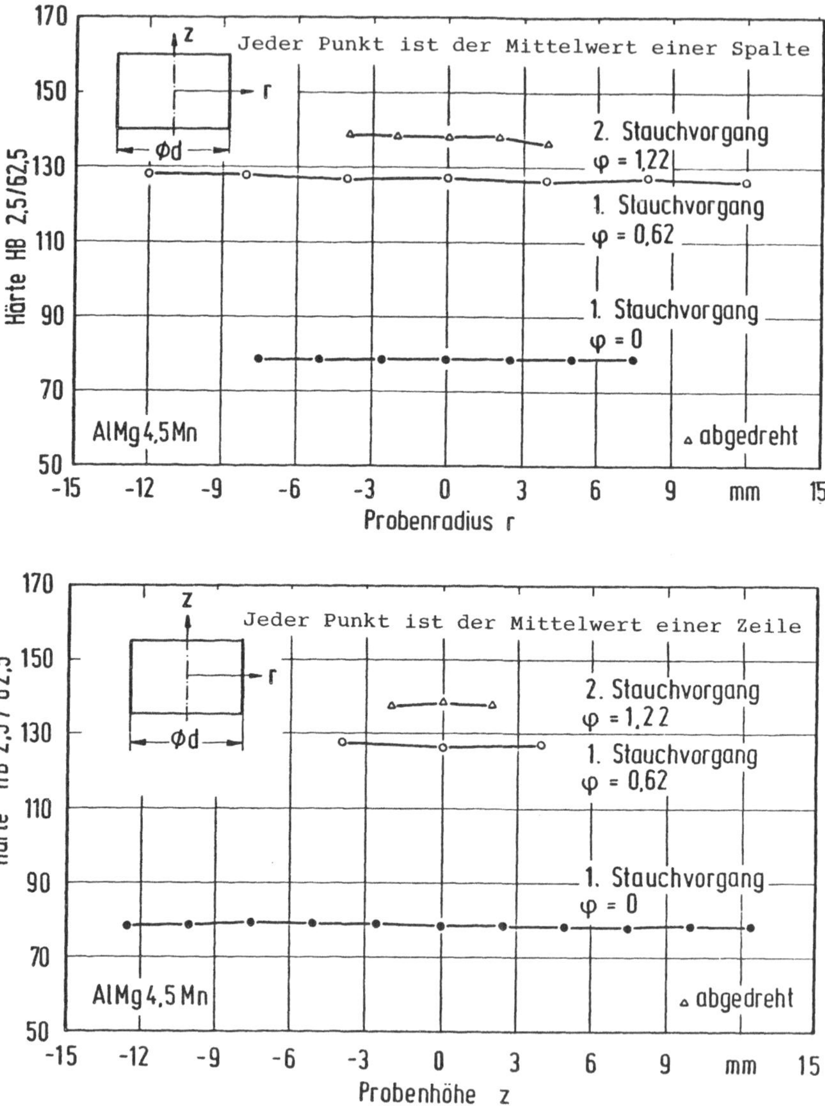

Bild 37 : Härteverteilung in Abhängigkeit vom Umformgrad

vor. Daher wurde an Stauchproben nach [29] aus AlMgSi 1, AlCuMg 2, AlMg 3 und AlMg 4,5 Mn die Brinellhärte ermittelt und dem vorausgegangenen Umformgrad zugeordnet.
Die Stauchproben wurden im ersten Stauchvorgang in verschiedenen Stufen bis φ_h = 0,62 gestaucht. Vor dem zweiten Stauchvorgang wurde durch Abdrehen der Proben auf Ø 10 mm x 16,4 mm das günstige Stauchverhältnis h_o/d_o = 1,6 wiederhergestellt (s. Bild 2). Die verkleinerten Proben wurden dann bis zu einem Gesamtumformgrad von φ_h = 1,22 erneut in mehreren Stufen gestaucht. Nach jeder Stufe wurden die Stauchproben entlang der Symmetrieachse geteilt und die Härteverteilung über die gesamte Schnittfläche ermittelt.
Die gleichmäßige Härteverteilung sowohl über dem Probendurchmesser als auch über die -höhe deutet auf eine homogene Umformung hin, so daß der aus der Höhenabnahme errechnete Umformgrad φ_h als Maß für die Vergleichsformänderung ε_v des gesamten Probenkörpers angesehen werden kann (Bild 37). Die homogene Umformung wurde durch die zylindrische Probenform nach der Stauchung bestätigt. Auch die Wirkung der Schmiertaschen auf den Probenstirnflächen wurde durch die orangenhautartige, während der Stauchung zunehmende Rauheit der Stirnflächen nachgewiesen (siehe auch [30]).
Die ermittelten Härtewerte wurden gemittelt, den Umformgraden φ_h und, unter Zuhilfenahme der Fließkurven, der Fließspannung zugeordnet. Bild 38 zeigt die Zusammenhänge zwischen HB, φ_h und k_f. Im Bereich höherer Umformgrade $\varphi_h \approx 1$ bei AlMg 3 bzw. $\varphi_h > 1,2$ bei den anderen drei Werkstoffen, fällt die Funktion HB (k_f) teilweise ab, was sich auf die nicht mehr homogene Umforkung zurückführen läßt (die Stauchproben waren nicht mehr zylindrisch).

Mit Hilfe dieser Zusammenhänge wurden aus den gemessenen Härteverteilungen in den kaltgeschmiedeten Teilen (Werkstückform 3 und 4) der örtliche Umformgrad φ bzw. die örtliche Formänderung ε und die Fließspannung k_f errechnet. Diese Fließspannung kann mit guter Näherung der Streckgrenze $R_{p0,2}$ gleichgesetzt werden und gibt damit eine Aussage über die räumliche Werkstückfestigkeit. Es wird hier nur ein ausgewähltes Beispiel gezeigt (Bild 39). Die Verläufe k_f (X) und φ(X) stimmen mit den ent-

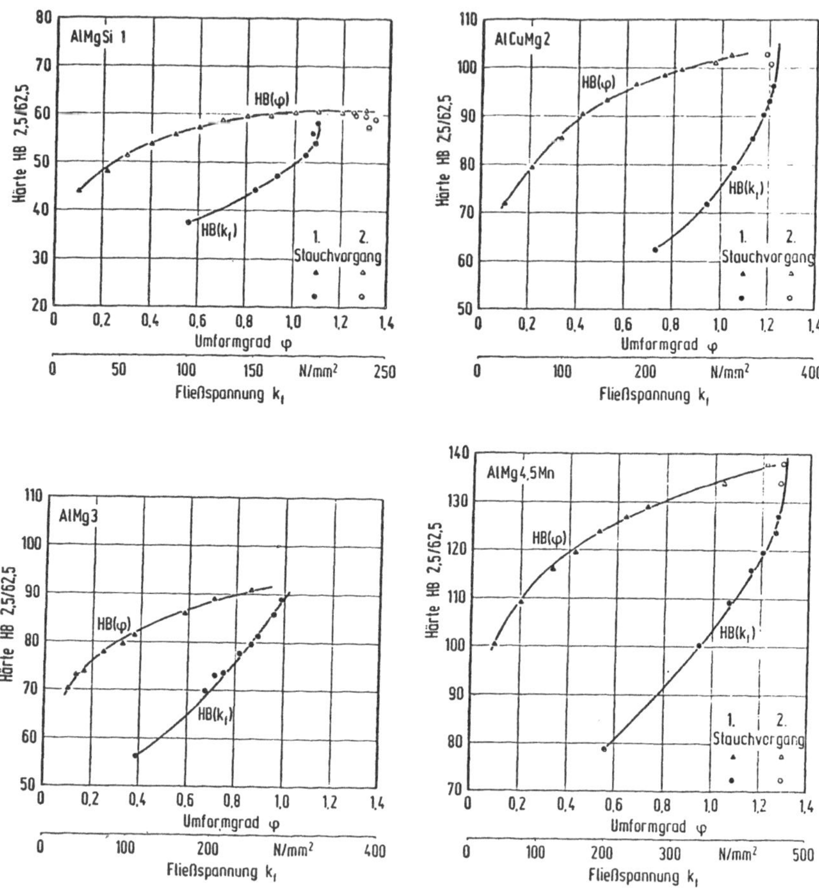

Bild 38 : Ermittelte Härte der Stauchproben im Zusammenhang mit Umformgrad und Fließspannung

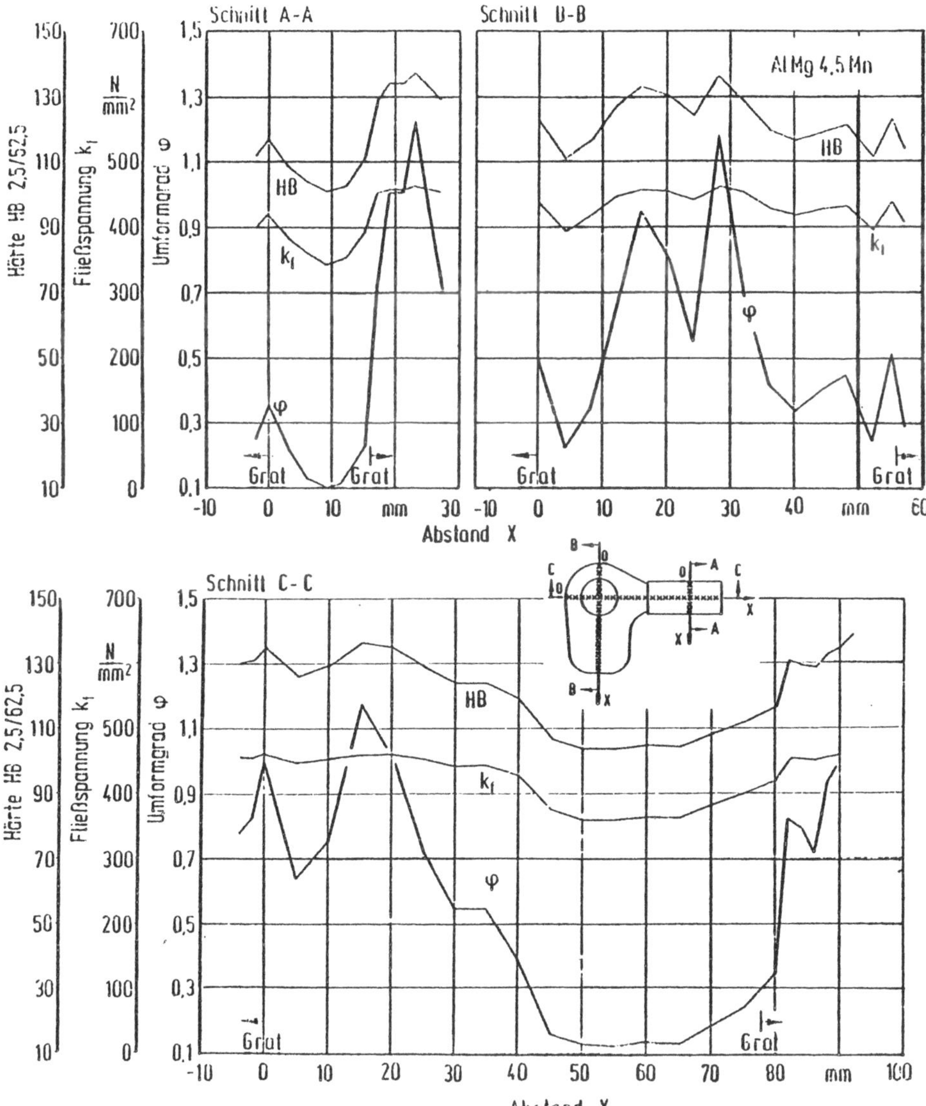

Bild 39 : Zusammenhang zwischen örtlicher Härte , Umformgrad und Fließspannung

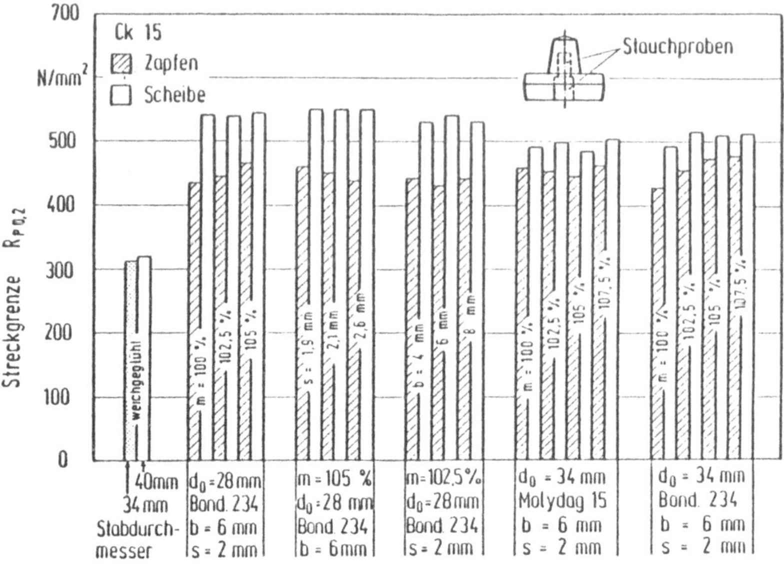

Bild 40 : Streckgrenzen kaltgeschmiedeter Teile

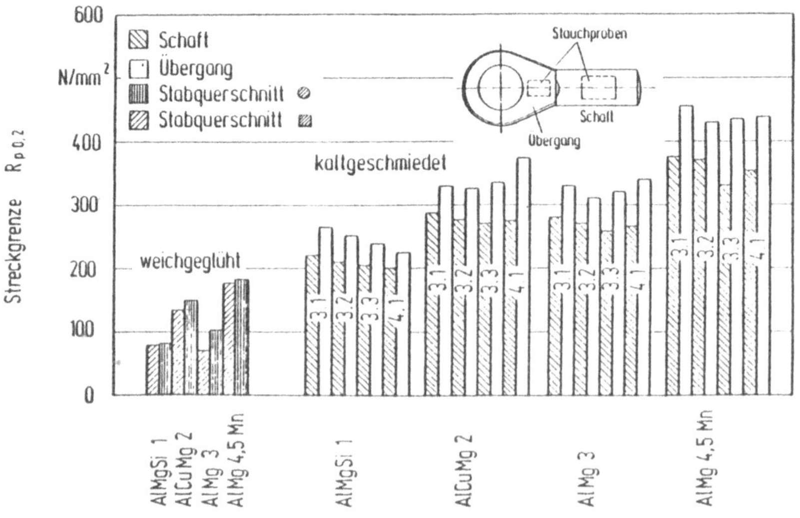

Bild 41 : Streckgrenzen kaltgeschmiedeter Teile

sprechenden Härteverteilungen überein. Die Fließspannung und der Umformgrad nehmen ihre höchsten Werte an den Stellen an, wo die größte Härte gemessen wurde. Beispielsweise ist im Längsschnitt C - C der Umformgrad in der Augenmitte geometrisch bedingt am höchsten, was ebenfalls vom Verlauf $\varphi(X)$ wiedergegeben wird.

5.7.3 Änderung der Streckgrenze durch Kaltgesenkschmieden

Zur Ermittlung der Festigkeits- und Zähigkeitskennwerte wird normalerweise der Zugversuch mit den aus den Schmiedeteilen entnommenen Zugproben angewendet. Aus den untersuchten Werkstückformen konnte jedoch aus geometrischen Gründen keine Zugprobe nach DIN 50 125, sondern nur Stauchproben entnommen werden. Mit diesen Stauchproben wurden Fließkurven aufgenommen (siehe Abschnitt 3.1), woraus die Fließspannung bei $\varphi = 0{,}002$ des kaltverfestigten Werkstoffes errechnet wurde. Diese Fließspannung kann nach der Gleichung

$$\begin{aligned} \varphi &= \ln(1+\varepsilon) \\ &= \varepsilon - \frac{\varepsilon^2}{2} \\ &\approx \varepsilon \qquad \text{für sehr kleine } \varepsilon\text{-Werte} \end{aligned}$$

in guter Näherung $R_{p0,2}$ gleichgesetzt werden.

<u>Werkstückform 1</u>

Die Streckgrenzen $R_{p0,2}$ wurden an zwei Stellen, in der Scheibenmitte mit Stauchproben der Abmessung Ø 10 mm x 16 mm und im Zapfen mit Stauchproben der Abmessung Ø 7,5 mm x 12 mm ermittelt, und in Bild 40 in Abhängigkeit von verschiedenen Verfahrensparametern dargestellt. Bei Variation von Werkstoffeinsatzmasse, Gratdicke, Gratbahnbreite oder Schmierung konnten tendenzielle Unterschiede der Streckgrenzenwerte im Zapfen festgestellt werden, in der Scheibenmitte sind die Streckgrenzen annähernd gleich geblieben.

Der Einfluß der Ausgangsform auf die Streckgrenze soll anhand des Beispiels m = 102,5 %, Bond. 234, b = 6 mm, s = 2 mm erläutert werden. Mit der schlanken Ausgangsform (Ø 28 mm) wur-

de eine größere Steighöhe erreicht, d. h. der Fließwiderstand des Werkstückwerkstoffes war in diesem Fall geringer als bei Ausgangsformen mit 34 mm Durchmesser. Die Folge ist eine etwas geringere Streckgrenze im Zapfen. In der Scheibe liegt die Streckgrenze infolge der größeren Breitung der schlanken Ausgangsform dagegen höher.
Einflüsse von Werkstoffeinsatzmasse, Gratdicke, Gratbahnbreite und Schmierung auf die Streckgrenzen sind ebenfalls aus Bild 40 ersichtlich.

Im allgemeinen liegt die Zunahme der Streckgrenze verglichen mit dem weichgeglühten Zustand zwischen 40 % und 75 %.

Werkstückformen 3 und 4
Die Streckgrenzenwerte wurden ebenfalls mit Stauchproben aus dem Schaft (Ø 10 mm x 16 mm) und dem Übergangsbereich (Ø 6,25 mm x 10 mm) ermittelt (Bild 41). Der Einfluß der Ausgangsform auf die Streckgrenzen läßt sich in Zusammenhang mit den gemessenen Umformkräften und Härtewerten sowie mit den ermittelten örtlichen Umformgraden plausibel machen. Die Ausgangsform, die den geringsten Kraftbedarf erforderte und dafür die niedrigsten Härtewerte lieferte, führte auch zu kleineren Streckgrenzenwerten. Innerhalb der Schmiedeteile wurden ebenfalls niedrigere Streckgrenzenwerte an Stellen ermittelt, wo der örtliche Umformgrad verhältnismäßig gering war - in diesem Fall im Bereich des Schaftes.
Die höchsten Streckgrenzenwerte wurden bei der Legierung AlMg 4,5 Mn ermittelt. Sie lagen deutlich über 300 N/mm². Die höchste Steigerung der Streckgrenze durch Kaltgesenkschmieden von 300 % im Schaft und 370 % im Übergangsbereich ergab sich jedoch bei der Legierung AlMg 3. Dies läßt sich, analog zur Härtesteigerung, durch den weichen Anfangszustand und das große Kaltverfestigungsvermögen dieser Legierung erklären. Bei der Legierung AlCuMg 2 ist die relative Streckgrenzenänderung trotz der etwas höheren Absolutwerte der Streckgrenzen geringer. Sie liegt bei 113 % im Schaft ($R_{p0,2}$ = 290 N/mm²) und 144 % im Übergangsbereich ($R_{p0,2}$ = 330 N/mm²). Trotzdem wird die vom Werkstoffhersteller angegebene Mindeststreckgrenze von 260 N/mm² nach der Kaltaushärtung erreicht. Das dem Warmge-

senkschmieden üblicherweise angeschlossene Lösungsglühen und Aushärten kann deshalb - zumindest im Hinblick auf die Festigkeitswerte - beim Kaltgesenkschmieden entfallen.
Der geforderte Streckgrenzenwert von 260 N/mm² für Schmiedeteile aus AlMgSi 1 konnte allerdings nicht erreicht werden. Als Streckgrenzen im Schaft wurden lediglich Werte zwischen 200 N/mm² und 220 N/mm² ermittelt. Diese können allerdings durch Verbesserung der Ausgangsform (höherer Umformgrad im Schaft) erhöht werden. Vielversprechender ist jedoch das Kaltgesenkschmieden der aushärtbaren Legierungen im frisch abgeschreckten Zustand. Der Werkstoff erhält dadurch ein feines Gefüge und läßt sich besser als im weichgeglühten Zustand umformen. Da kein zusätzliches Lösungsglühen bzw. Abschrecken nach dem Umformen notwendig ist, und somit Verzug infolge der Abschreckspannungen entfällt, können außerdem enge Toleranzen eingehalten werden [26].

5.7.4 Zugfestigkeit und Zähigkeitskennwerte kaltgeschmiedeter Teile

Für das Betriebsverhalten eines Bauteils ist nicht allein die Streckgrenze maßgeblich, sondern es sind auch die Zähigkeitskennwerte zu berücksichtigen. Da im Stauchversuch lediglich die Fließkurve und die Streckgrenze ermittelt werden können und die Entnahme von Zugproben aus den untersuchten Werkstückformen aus geometrischen Gründen unmöglich war, mußte die Werkstückform 2 als Zugprobe verwendet werden. Die Mittenaussparungen im Steg wurden, um den Einfluß der Werkstückform auf die ermittelten Kennwerte klein zu halten, weggelassen. Nach dem Abgraten in einem Schneidwerkzeug wurde die Gratnaht zur Erzeugung einheitlichen Oberflächenzustandes auf vorgegebene Maße gefräst. Danach wurde ein Drittel der Werkstücke aus den Aluminiumlegierungen lösungsgeglüht und legierungsentsprechend ausgelagert (Zustand lk, lw), ein weiteres Drittel wurde weichgeglüht (Zustand w). Damit wurde der Werkstückzustand nach dem Warmgesenkschmieden simuliert. Das restliche Drittel blieb im kaltverfestigten Zustand (Zustand k).
Die ermittelten Kennwerte sind in der Tabelle 4 zusammenge-

faßt. Die Streckgrenzen konnten wegen der kleinen Meßlänge (25 mm) nicht ermittelt werden. Die Bruchdehnung A ist auf die Anfangsmeßlänge von 25 mm bezogen.
Die höchste Zugfestigkeit wurde bei Ck 15 im kaltverfestigten, bei den Aluminiumlegierungen im ausgelagerten Zustand erreicht. Die Gleichmaß- und die Bruchdehnung sind dagegen bei der Legierung AlMgSi 0,5 im weichgeglühten, bei der Legierung AlCuMg 2 im ausgehärteten Zustand am größten. Die Dehnungswerte der kaltverfestigten Proben sind trotz geringerer Festigkeit kleiner als die der ausgehärteten Proben. Dies läßt sich durch die hohe Zähigkeit der ausgehärteten Proben erklären.

Tabelle 4: Zugfestigkeit und Bruchdehnung der modifizierten Werkstückform 2

Werkstoff	Zugprobe-zustand [1]	R_m N/mm²	A [2] %
Ck 15	w	385,8	40,2
	k	601,8	19,7
AlMgSi 0,5	w	97,4	49,8
	k	136,0	25,1
	lw	266,2	21,8
AlCuMg 2	w	238,4	21,6
	k	279,2	15,1
	lk	478,7	28,6

1: Zustand nach dem Kaltgesenkschmieden
2: bezogen auf L_o = 25 mm
lw:lösungsgeglüht, warmausgehärtet
lk:lösungsgeglüht, kaltausgehärtet
w:weichgeglüht
k:kaltverfestigt

Die in letzter Zeit ausführlich untersuchte Halbwarmumformung hat zum Ziel, durch Umformen zwischen Raumtemperatur und Schmiedetemperatur die Vorteile der Kaltumformung mit denen der Warmumformung zu verbinden [52, 53].

Im Rahmen dieser Arbeit wurden nur einige Stichversuche zum Halbwarmgesenkschmieden durchgeführt, um Anhaltspunkte über den Kraftbedarf sowie über die mechanischen Eigenschaften halbwarmgeschmiedeter Teile zu gewinnen.
Zum Halbwarmschmieden der Werkstückform 1 wurden Ausgangsteile aus Ck 15 auf etwa 150° (423 K) vorgewärmt und anschließend durch Anstreichen mit einer Graphitdispersion (Dag Delta 144, Deutsche Acheson GmbH, Ulm) beschichtet. Die Teile wurden in einem Elektroofen erwärmt, so daß sie beim Verlassen des Ofens eine Kerntemperatur von etwa 750 °C (1023 K) hatten. Durch den Transport vom Ofen zum Schmiedewerkzeug und durch den Wärmeübergang zwischen dem erwärmten Ausgangsteil und dem kälteren Werkzeug beim Einlegen ging die Kerntemperatur um etwa 20 °C zurück.

Die beim Halbwarmgesenkschmieden aufgewendete Umformkraft ist in Bild 42 in Abhängigkeit von der Werkstoffeinsatzmasse dargestellt. Zum Vergleich wurde ebenfalls die Umformkraft beim Kaltgesenkschmieden aufgetragen. Die beiden Kurven weisen die gleiche Tendenz auf, wobei die bei T = 750 °C gemessene Umformkraft etwa 10 % niedriger als die bei Raumtemperatur liegt. Die Steighöhe des Zapfens nimmt dabei je nach Einsatzmasse bis zu 24 %, gemessen an der beim Kaltgesenkschmieden, zu. Die Abhängigkeit der Steighöhe von der Einsatzmasse ist offensichtlich geringer bei erhöhten Temperaturen. Der Unterschied von nur 10 % ist, verglichen mit Ergebnissen in [52 und 53], sehr gering. In [52] wurden jedoch Werkstücke anderer Geometrien fließgepreßt, wobei die starke Abkühlung im Gratbereich entfiel und zugleich der Kraftanteil der Gratfläche an der gesamten Umformkraft F_{max} geringer als beim Kaltgesenkschmieden war. Bei den eigenen Versuchen wurden außerdem die Werkzeuge nicht erwärmt und nicht geschmiert. Dies hat offen-

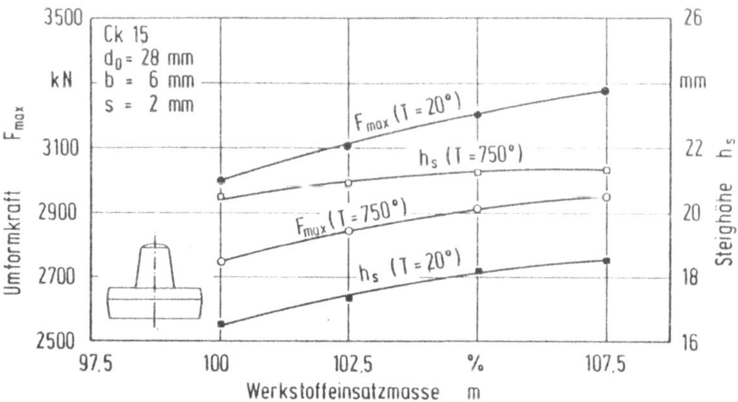

Bild 42 : Umformkraft und Steighöhe beim Halbwarm-gesenkschmieden

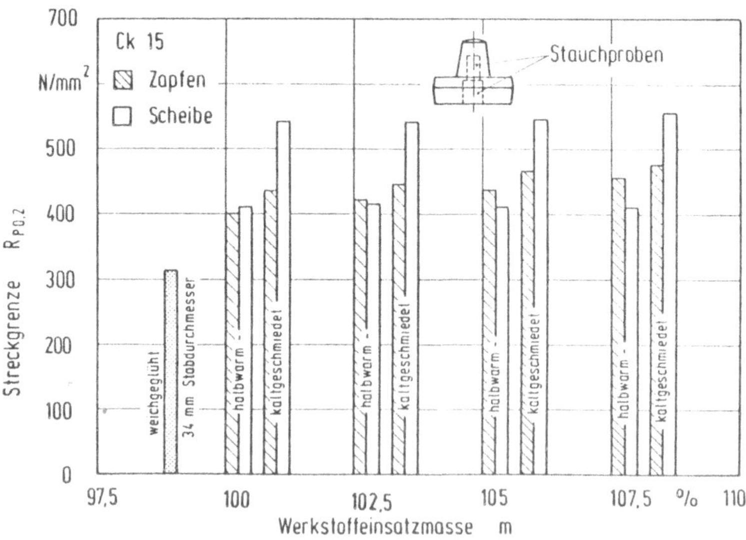

Bild 44 : Streckgrenzen halbwarmgeschmiedeter Teile

bar zu dem hohen Kraftbedarf geführt.

Von den mechanischen Eigenschaften der halbwarmgeschiedeten Teile wurden repräsentativ die Härteverteilung und die Streckgrenze im Stauchversuch untersucht. Die Härtewerte der halbwarmgeschmiedeten Teile liegen im allgemeinen niedriger als die kaltgeschmiedeter Werkstücke. Über dem Werkstückradius verläuft die Härtesteigerung bis ca. 5 mm vor dem Grateinlauf etwa gleichmäßig (Bild 43 a), dann erfolgt ein steiler Anstieg bis in den Gratspalt hinein. Bei den kaltgeschmiedeten Teilen wurden aber die höchsten Härtewerte bereits im Werkstück gemessen (vgl. Bild 35 a). Über der Werkstückhöhe weist die Härteverteilung einen anderen Verlauf mit niedrigeren Absolutwerten auf (Bild 43 b). Während die kaltgeschmiedeten Werkstücke im Bodenbereich und am Zapfenende hohe Härtewerte liefern, nimmt die Härte bei den halbwarmgeschmiedeten Werkstücken vom Boden zum Zapfenende hin stetig zu. Als Ursache für die starke Härtesteigerung im Grat (120 %) und die niedrige im Bodenbereich (40 %) bei halbwarmgeschmiedeten Werkstücken ist der Wärmeübergang zwischen Werkstück und Werkzeug anzusehen. Im Grat ist der Wärmeübergang am stärksten. Dagegen ist er im Bodenbereich geringer als im Zapfenbereich.
Die als Ersatz für die Streckgrenze im Stauchversuch ermittelte Fließspannung bei $\varphi = 0{,}002$ bestätigte diesen örtlich verschiedenen Wärmeübergang (Bild 44). Die Streckgrenze im Bodenbereich, wo der Wärmeübergang am geringsten war, liegt im allgemeinen unterhalb der des Zapfenbereiches, wobei der Unterschied mit der Werkstoffeinsatzmasse noch größer wurde. Der Vergleich mit den Streckgrenzen kaltgeschmiedeter Teile, wobei sich eine Abweichung bis zu 40 % zugunsten der kaltgeschmiedeten Teile ergibt, bestätigt die gemessene Härteverteilung nachdrücklich.

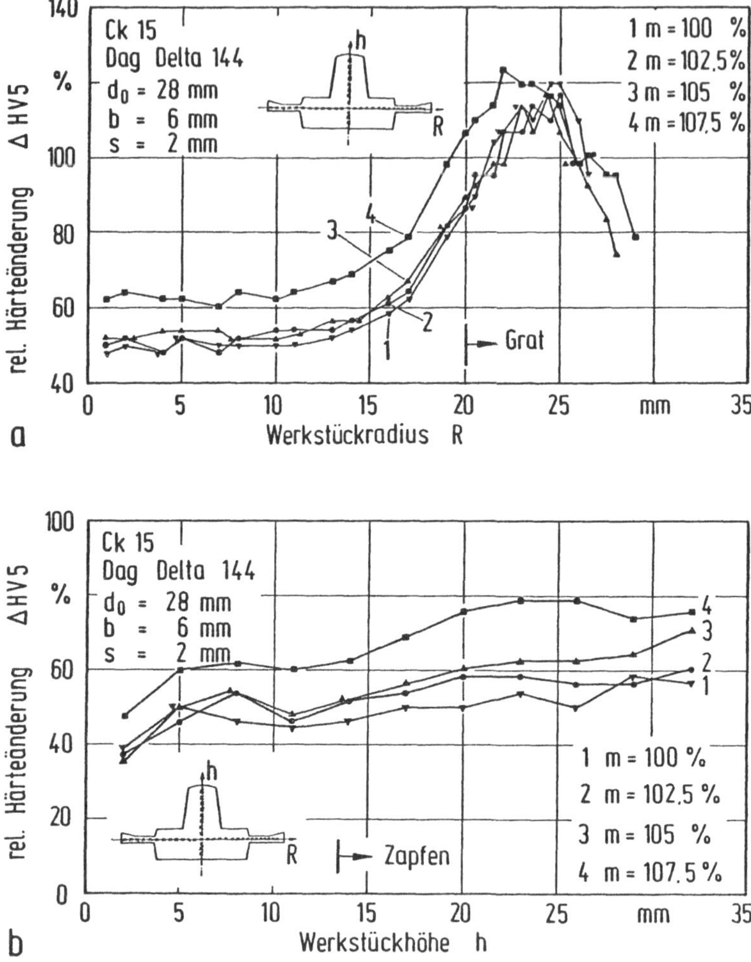

Bild 43 a-b : Härteverteilung in halbwarmgeschmiedeten Werkstücken

7 Theoretische Untersuchungen

Die theoretischen Untersuchungen befaßten sich mit der Ermittlung der Umformkraft, der Werkzeugbeanspruchung sowie des Werkstoffflusses. Dabei wurden einige der bisher bekannten Berechnungsverfahren herangezogen. Die erhaltenen Rechenergebnisse wurden mit den im Versuch gewonnenen verglichen.
Abschließend wurden die beim Warmgesenkschmieden bekannten Richtwerte für die Gestaltung des Gratspalts auf ihre Anwendbarkeit für das Kaltgesenkschmieden diskutiert.
Tabelle 5 zeigt zunächst eine Zusammenstellung der in der Umformtechnik angewendeten Berechnungsverfahren [54]. Im Rahmen dieser Arbeit wurden ein Lösungsverfahren der elementaren Plastizitätstheorie - die Streifentheorie - sowie zwei Verfahren der von Misesschen Plastizitätstheorie (Verfahren der oberen Schranke und Finite-Elemente-Methode) untersucht.

Tabelle 5: Berechnungsverfahren in der Umformtechnik [54]

Berechnungs-verfahren	Fließ-spannung	Reibung	Geschw.-Feld	Spann.-Feld	Temp.-Feld	Werkzeug-beanspr.
Siebel/Stöter	mittlere	a, b	nein	ja	nein	ja
Streifen-modell	mittlere	a, b	nein	ja	nein	ja
Umformenergie nach Siebel	mittlere	b	nein	nein	nein	mittlere
Gleitlinien	mittlere	a, b	ja	ja	nein	ja
Obere Schranke	Verteilg.	b	ja	(ja)	nein	mittlere(ja)
Hillsches	Verteilg.	a, b	ja	nein	nein	mittlere
Finite-Differenz	Verteilg.	a, b	ja	ja	ja	ja
Finite-Elemente-Methode	Verteilg.	a, b	ja	ja	ja	ja
Matrix-Methode	Verteilg.	a, b	ja	ja	ja	ja
Fehlerab-gleichverfahr.	Verteilg.	a, b	ja	ja	ja	ja

a: Coulombsche Reibung $\tau = \sigma_n \cdot \mu$ b: konstante Reibung $\tau = k_f \cdot \mu$

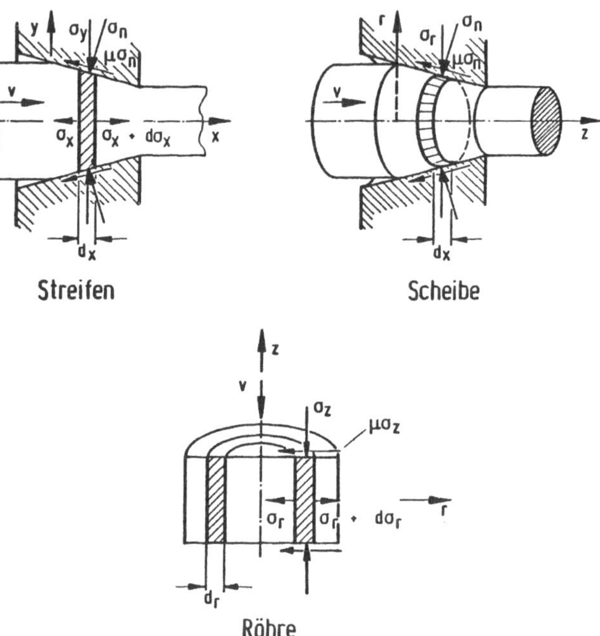

Bild 45 : Lösungsverfahren der elementaren Plastizitätstheorie

7.1 Berechnungen nach der elementaren Plastizitätstheorie

Die elementare Theorie beruht auf einer einfachen Modellvorstellung vom Umformverhalten der Werkstoffe und ist daher nur beschränkt gültig. Sie unterscheidet sich von empirischen Formeln, z. B. zum Berechnen der Umformkraft, die aus mehr oder weniger breit angelegten Sammlungen von Versuchs- bzw. Betriebsdaten abgeleitet werden. Diese Formeln liefern für ihre Anwendungsgebiete meist sehr genaue Ergebnisse, sind aber im allgemeinen nicht auf andere Gebiete übertragbar.

Die Streifentheorie - ein Lösungsverfahren der elementaren Plastizitätstheorie - wurde in den Jahren 1924/1925 von Siebel [24, 55] und Karman [56] am Walzvorgang entwickelt und später (1928) von Siebel und Pomp auf das Schmieden übertragen [57]. Mit dieser Theorie können Umformvorgänge, bei denen ein ebener Bewegungszustand vorliegt, behandelt werden. Die Übertragung der Streifentheorie auf rotationssymmetrische Vorgänge führt zum Scheiben- und Röhrenmodell [58, 59] (Bild 45). Die Werkzeugform bzw. der Umformvorgang bestimmen, welches Modell angewendet wird. Die Werkstückform bzw. die Form der Umformzone wird dann in Streifen, Scheiben oder Röhren aufgeteilt und berechnet.

7.1.1 Kraftberechnung nach Siebel

Die meisten Berechnungsverfahren für die beim Gesenkschmieden auftretenden Spannungen und Kräfte wurden vom Modell des Stauchversuchs abgeleitet. Auf diese Weise hat E. Siebel [55] für das Stauchen zylindrischer Stauchproben einen Ansatz hergeleitet, der später oft als "Schmiedeformel" zitiert wurde:

$$\sigma_z = - k_f \left[1 + \frac{2\mu}{h} \left(\frac{d}{2} - r\right)\right] \qquad (1)$$

Es ist als hinlänglich bewiesen anzusehen, daß diese Beziehung auch für das Warmgesenkschmieden zur Berechnung der Druckspannung im Gratspalt beim Vorgangsende, wo der Gratspalt gerade ausgefüllt ist und noch kein Werkstoff in die Gratmulde austritt, angewendet werden kann. Für den Grateinlauf gilt dann:

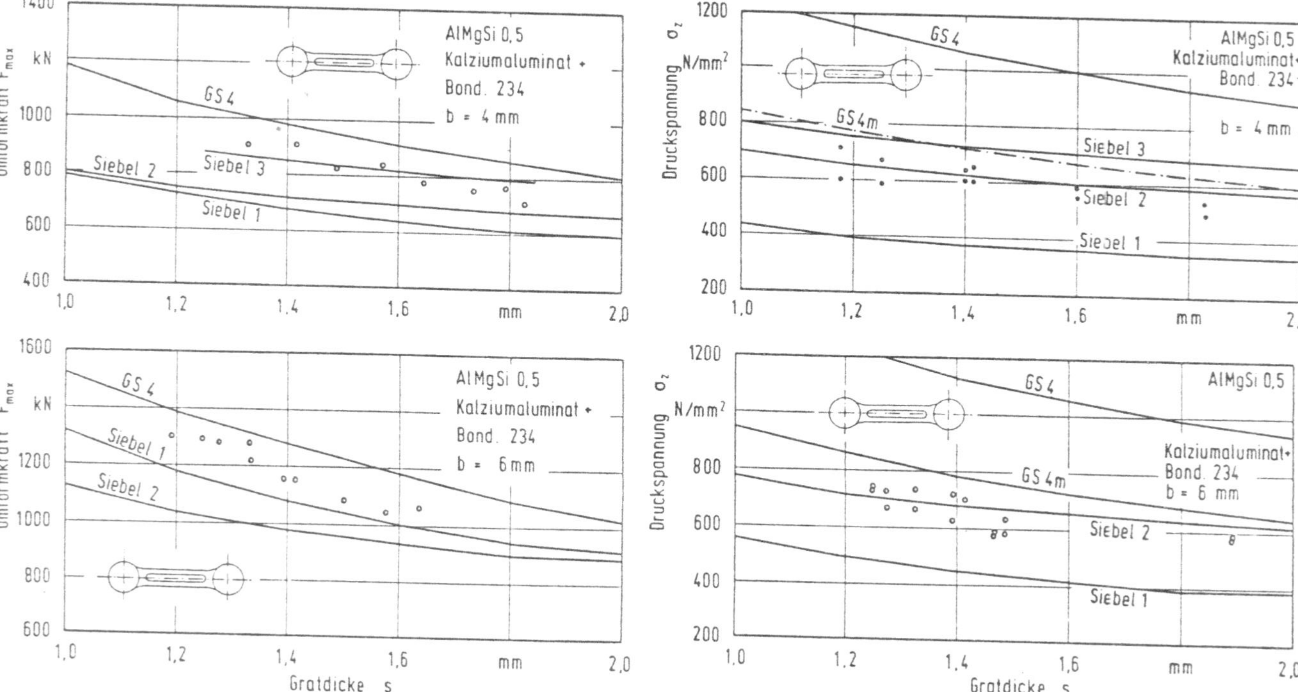

Bild 46 : Rechnerisch ermittelte Umformkräfte

Bild 47 : Rechnerisch ermittelte Druckspannungen

$$\sigma_{z_{gr_{max}}} = - k_f \, (1 + 2\mu \, \frac{b}{s}) \qquad (2)$$

Es wurde außerdem gezeigt, daß zur Berechnung der größten Umformkraft beim Warmgesenkschmieden die näherungsweise nach Gleichung (2) berechnete Druckspannung als über die gesamte Projektionsfläche A_p wirkend angesetzt werden kann.

$$F_{max} = A_p \cdot \sigma_{z_{gr_{max}}} \qquad (3)$$

mit:

$$A_p = A_G + A_{gr} \qquad (4)$$

Die auf diese Weise berechnete Druckspannung und Umformkraft wurden als Siebel 1 bezeichnet.

Bei der Berechnung wurden die eingesetzten Werte für die Fließspannung aus der Fließkurve des Werkstückwerkstoffs bei einem mittleren Umformgrad φ_m entnommen, der für die Werkstückform 1 (Bild 5) wie folgt ermittelt wurde:

$$\varphi_m = \frac{1}{3} \, (\varphi_G + \varphi_Z + \varphi_{gr}) \qquad (5)$$

$$\varphi_G = \ln \, (\frac{h_o}{h_G}) \qquad (6)$$

$$\varphi_{gr} = \ln \, (\frac{h_G}{s}) \qquad (7)$$

$$\varphi_Z = \ln \, (\frac{A_o}{A_{Zm}}) \qquad (8)$$

$$A_{Zm} = \frac{\pi}{2} \, (8^2 + (8 - h_s . \tan 7^\circ)^2) \qquad (9)$$

Bei der Werkstückform 2 wurde der mittlere Umformgrad aus φ_G und φ_{gr} ermittelt. Eine solche Errechnung der Bereichsumformgrade sowie des mittleren Umformgrads aus den Werkzeuggeometrien hat bei den Werkstückformen 3 und 4 allerdings Schwierigkeiten zur Folge, da sowohl die Gratbahnbreite als auch die Gratdicke werkzeugseitig örtlich unterschiedlich sind. Die Umformgrade bzw. die Fließspannungen wurden daher mittels der örtlichen Härten aus dem Zusammenhang Brinellhärte-Umformgrad-Fließspannung errechnet (siehe Abschnitt 5.7.2).

Für μ wurde die Reibzahl im Gratspalt (μ = 0,15) eingesetzt.

Bild 46 zeigt die Gegenüberstellung der nach Gleichung (3) berechneten (Siebel 1) und der beim Kaltgesenkschmieden der Werkstückform 2 gemessenen Umformkräfte. Wie beim Warmgesenkschmieden war auch hier zu erwarten, daß die berechneten Kräfte weit unter den gemessenen liegen, denn Gleichung (3) gilt streng nur bei reiner Gleitreibung, die im vorliegenden Fall zumindest im Gravurbereich nicht mit Sicherheit gegeben war [55].

In der mit Siebel 2 bezeichneten Berechnung wurden daher die Grat- und Gravurbereiche getrennt betrachtet, wobei im Gratbereich Gleitreibung mit $\mu = 0,15$ und im Gravurbereich Haft- bzw. eine größere Reibung ($\mu > 0,15$) angenommen wurden.
Die entsprechenden k_f-Werte wurden aus den Gleichungen (6) und (7) und aus den Fließkurven errechnet.
Die Umformkraft errechnet sich aus:

$$F_{max} = - \int_{A_{gr}} k_{fgr} \left(1 + \mu_{gr} \frac{d_1 - d_G}{s}\right) - \int_{A_G} k_{fG} \left(1 + \mu_G \frac{d_2}{h_G}\right) \qquad (10)$$

mit: $d_g \leqq d_1 \leqq d_{gr}$, $0 \leqq d_2 \leqq d_G$

Die mit dieser Gleichung berechnete Umformkraft zeigt lediglich bei $b = 4$ mm eine Verbesserung im Hinblick auf die gemessenen Werte. Bei $b = 6$ mm wurde die Abweichung zu den Meßwerten jedoch größer, denn die nach Gleichung (2) berechnete und als über die gesamte Projektionsfläche wirkend angesetzte Druckspannung am Grateinlauf ist bei dieser Gratbahnbreite viel höher als bei $b = 4$ mm. Außerdem nimmt das Flächenverhältnis A_{gr}/A_G mit der Gratbahnbreite zu.

Ein weiterer Grund für die Abweichungen zwischen Rechnungen nach Siebel 1 bzw. Siebel 2 und Meßwerten ist darin zu sehen, daß der Grat bei kleinen Gratbahnverhältnissen, insbesondere wenn b klein ist, über die äußere Gratbahnkante hinaustrat. So betrug z. B. bei der Werkstückform 1 mit $d_o = 34$ mm, $h_o = 26,5$ mm, $b = 4$ mm und $s = 1,5$ mm der tatsächliche Gratdurchmesser 65,6 mm, wogegen in der Berechnung nur der werkzeugseitige Gratdurchmesser von 48 mm berücksichtigt worden war. In diesem Fall ist es nicht mehr zulässig, die Druckspannung nach Gleichung (2) zu berechnen. Es müßte vielmehr der Ansatz nach [60] zur Anwendung kommen, mit dem sich die radiale Spannung im überstehenden Grat berechnen läßt:

$$\sigma_{r_{d=d_{gr}}} = -\frac{1}{3}\left[\left(\frac{d_{gr\,tats}}{d_{gr}}\right)^3 - 1\right] \tag{11}$$

Die Druckspannung in z-Richtung und die Umformkraft (Siebel 3) errechnen sich aus

$$\sigma_{z_{gr}} = \sigma_{r_{d=d_{gr}}} - k_f \left(1 + \mu_{gr} \frac{d - d_G}{s}\right) \tag{12}$$

für: $d \geqq d_G$

$$\sigma_{z_G} = \sigma_{z_{gr}} - k_f \left(1 + \mu_G \frac{d}{h_G}\right) \tag{13}$$

für: $d \leqq d_G$

$$F_{max} = \int_{A_{gr}} \sigma_{z_{gr}}\, dA_{gr} + \int_{A_G} \sigma_{z_G}\, dA_G \tag{14}$$

Der in Bild 46 dargestellte Vergleich zwischen Siebel 3 und Meßwerten zeigt, daß der Ansatz das tatsächliche Verhältnis im Gratspalt zufriedenstellend wiedergibt. Dieses Berechnungsverfahren hat jedoch den Nachteil, daß der tatsächliche Gratdurchmesser vorher bekannt sein muß.

Bild 47 zeigt die nach Siebel 1, 2 und 3 berechneten Druckspannungen sowie die mit Sensor ermittelten Kontaktnormalspannungen in den beiden Augen der Werkstückform 2. Die eingezeichneten Kontaktnormalspannungen sind Mittelwerte über der Sensoroberfläche. Dagegen wurden bei Siebel 1 die Druckspannungen am Grateinlauf, bei Siebel 2 bzw. 3 die höchsten Werte, also die Druckspannungen in der Gravurmitte, aufgetragen. So ist es verständlich, daß die Kurven Siebel 2 und 3 über, die Kurve Siebel 1 dagegen unterhalb der gemessenen Werte liegen. Der qualitative Verlauf der Meßwerte wurde jedoch von allen drei Berechnungsverfahren richtig wiedergegeben.

7.1.2 Kraftberechnung nach Stöter

Stöter [5] hat aufgrund von experimentellen Befunden beim Kaltstauchen mit Proben aus einer AlMgSi-Legierung (Pantal 19) gezeigt, daß Gleichung (1) in der Form

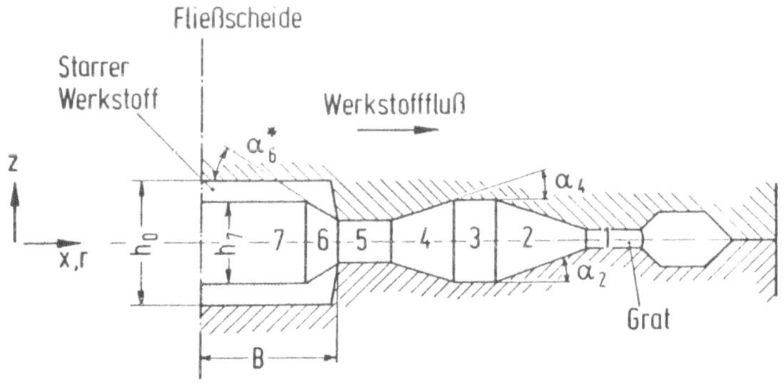

Bild 48 : Aufteilung eines Schmiedeteils in Grundelemente

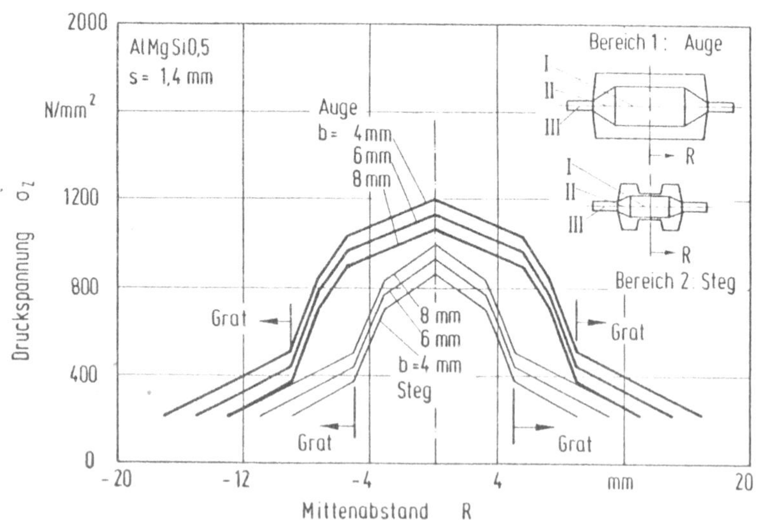

Bild 49 : Mit dem Rechenprogramm GS4 ermittelte Druckspannungen

$$\sigma_{z_{gr_{max}}} = - k_f \left(1 + 0{,}92 \frac{b}{s}\right) \qquad (15)$$

auch für das Warmgesenkschmieden von Stahl bei verschiedenen Gratbahnverhältnissen zutreffend ist. Zweck dieser Arbeit war es, die aufwendige Bestimmung des Reibwerts μ zu vermeiden.

Der Vergleich der Gleichung (1) und (15) zeigte jedoch, daß demnach mit einer Reibzahl von $\mu = 0{,}46$ gerechnet werden muß. Nachdem eigene Versuche (siehe Abschnitt 3.3) ergaben, daß die Reibzahlen bei der Kaltmassivumformung wesentlich niedriger liegen als bei der Warmumformung, und eine Reibzahl von $\mu = 0{,}46$ bei der Kraftberechnung zu erhöhten Umformkräften führte, wurde Gleichung (15) nicht weiter berücksichtigt.

7.1.3 Rechenprogramm nach der Streifen-, Scheiben- und Röhrentheorie

Es wurden verschiedene Grundelemente entwickelt, die getrennt voneinander berechnet und dann zu komplizierten Werkstückformen zusammengesetzt werden können, um auf diese Weise eine Vielfalt von Werkstückformen zu berechnen. Es handelt sich dabei um Werkstoffelemente, die zwischen zwei

- parallelen Stauchbahnen
- sich stetig verengenden
- sich stetig erweiternden Stauchbahnen

umgeformt werden (Bild 48). Bei plötzlichen Querschnittsänderungen, wie zum Beispiel beim Übergang vom Element 7 zum Element 5, bildet sich gegen Ende des Schmiedevorgangs je nach Richtung des Werkstoffflusses ein Ein- bzw. Auslaufkegel, der meist nicht die ganze Höhe der Gravur h_o ausfüllt. An diesen Kegel schließt sich ein parallel zur Gesenkwand begrenzter Fließbereich (Umformzone) an. Außerhalb dieser Zone wird der Werkstoff als starr angenommen (Totzone). Entlang den Grenzflächen herrschen Haftreibungsbedingungen (Scherung).
Die Höhe und der Winkel α^*_6 der Umformzone wurden gemäß dem Gesetz des geringsten Zwanges wie folgt bestimmt [61]:

$$h_7 = 0{,}8 \cdot h_5 \cdot \left(\frac{B}{h_5}\right)^{0{,}92} \quad \text{für } \frac{B}{h_5} \geqq 2 \text{ und } h_7 \leqq h_o \tag{16}$$

$$\tan \alpha_6 = \sqrt{1 - \frac{H-1}{H \ln H}} \tag{17}$$

$$H = \frac{h_7}{h_5}$$

$$\left|\alpha_6^*\right| < 45\,°$$

Die Breite des Elements 6 ergibt sich aus:

$$b_6 = B - \frac{h_7 - h_5}{2 \tan \alpha_6^*} \tag{18}$$

Damit ist die Geometrie der Elemente 6 und 7 bestimmt. Die übrigen sind aus der Gesenkgeometrie zu entnehmen.
Für jedes dieser Elemente wurden, basierend auf der ursprünglichen Streifentheorie, Formeln zur Berechnung von Spannungen in x- und z- bzw. r- und z-Richtung, Flächenpressungen am Gesenk und Umformkraft erstellt, die sowohl auf langgestreckte als auch auf rotationssymmetrische Schmiedeteile anwendbar sind. Dabei muß ihre Symmetrieachse senkrecht zur Stoffflußrichtung stehen.

Diese Formeln sind im Anhang A zusammengefaßt und auf einem Taschenrechner TI 59 programmiert (Rechenprogramm GS4). Mit diesem Rechenprogramm ist es möglich, Spannungen und Kräfte beim Schmieden komplizierter Werkstücke mit unterschiedlichen Reibbedingungen zu berechnen.
Beispielsweise wurde die Werkstückform 2 in zwei Bereiche aufgeteilt. Im Auge (1) wurden rotationssymmetrische, im Steg (2) dagegen ebene Formänderungen angenommen (Bild 49). Im ersten Rechengang wurden die Form und die Größe der Umformzone in den zwei Bereichen bestimmt, da am Übergang vom Grat zum Werkstück eine schroffe Querschnittsänderung vorliegt. Der Wersktofffluß erfolgte von der Fließscheide an der z-Achse nach außen. Der Rechenverlauf wurde daher zweckmäßigerweise dem Stofffluß entgegengerichtet, da außen am Gratrand (Element III) die Randbedingung $\sigma_{x,r} = 0$ bekannt war. Im Grat wurde Gleitreibung mit $\mu = 0{,}15$ (Kalziumaluminat + Bonderlube 234), in der Gravur (Elemente I und II) Haftreibung mit $\mu = 0{,}5$ angesetzt. Die k_f-Werte wurden aus der Werkzeuggeometrie und der aufgenomme-

nen Fließkurve (AlMgSi 0,5) entnommen:

Auge:	$\varphi_{gr} = 2{,}0,$	$k_{f_{gr}} = 215$ N/mm²
	$\varphi_{G} = 0{,}6,$	$k_{f_{G}} = 170$ N/mm²
Steg:	$\varphi_{gr} = 1{,}6,$	$k_{f_{gr}} = 200$ N/mm²
	$\varphi_{G} = 0{,}6,$	$k_{f_{G}} = 170$ N/mm²

Die auf diese Weise ermittelten Spannungsverläufe sind in Bild 49 aufgetragen und in Bild 47 mit den im Versuch gemessenen Werten verglichen. Da die Meßwerte jedoch Mittelwerte über der Sensorenfläche mit d = 10 mm waren, wurde neben die Kurve GS4 (höchste Druckspannung in der Augenmitte) auch die Kurve GS4m eingezeichnet. Diese stellt wiederum Mittelwerte über der etwa gleichen Kreisfläche dar. Der Vergleich zwischen Rechnung und Versuch zeigt z. B. eine Abweichung von 12,5 % (b = 4mm, s = 1,4 mm).

Die Integration der Druckspannung σ_z über den einzelnen Elementquerschnitten ergab die entsprechenden Teilkräfte, die sich in einer abschließenden Summation zu der gesamten Umformkraft zusammensetzen. Der Vergleich zwischen gemessenen und mit GS 4 berechneten Umformkräften (Bild 46) zeigt ebenfalls eine sehr gute Übereinstimmung, wobei die berechneten Kräfte um ca. 10 % über den Meßwerten liegen. Das Rechenprogramm GS 4 ist damit sowohl für die Berechnung der Umformkraft als auch für die örtlichen Werkzeugbelastungen geeigneter als die Berechnung nach Siebel 1 - 3.

Bei der Anwendung des Rechenprogramms auf die Werkstückformen 3 und 4 müssen diese in drei bzw. fünf Bereiche aufgeteilt werden. Der anschließende Rechenverlauf erfolgte analog zum Beispiel Werkstückform 2. Bild 50 zeigt die Spannungsverläufe in den Schnitten A-A, B-B und D-D der Werkstückform 3.

Zum Überprüfen der Rechenergebnisse wurden die berechneten Umformkräfte den Meßwerten gegenübergestellt (Tabelle 3).

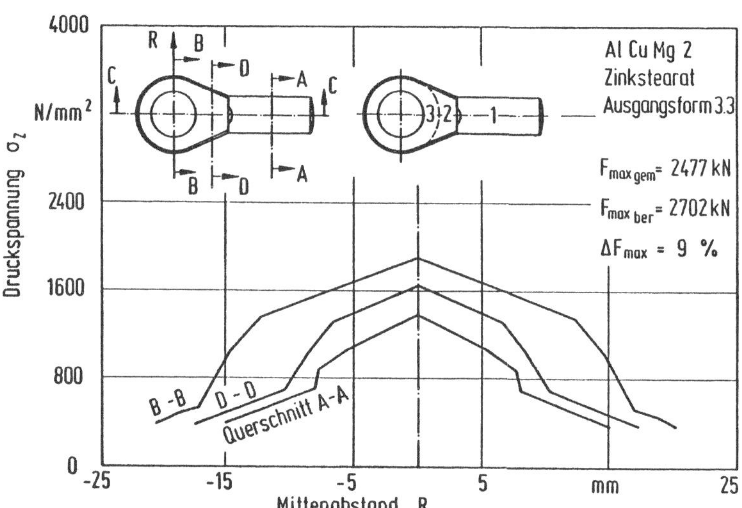

Bild 50 : Mit dem Rechenprogramm GS4 ermittelte Druckspannungen

7.2 Berechnungen nach der von Misesschen Plastizitätstheorie

Die aus der elementaren Plastizitätstheorie gewonnenen Formeln zur Berechnung der Spannungen und Umformkräfte haben den Vorteil, daß sie einfach aufgebaut sind und sich mit geringem Rechenaufwand anwenden lassen. Nachteilig ist jedoch, daß sie wegen der sehr einfachen Annahmen über den Bewegungszustand, nämlich dem sogenannten ideellen Formänderungszustand - reibungsfreier Werkstofffluß, einachsige Beanspruchung -, weder den Werkstofffluß richtig beschreiben, noch Aussagen über Geschwindigkeitsverteilungen und Formänderungen sowie deren Geschwindigkeiten zulassen.
Diese Mängel können mit Hilfe der von Misesschen Plastizitätstheorie beseitigt werden.

7.2.1 Verfahren der oberen Schranke

Mit den auf Extremalprinzipien begründeten Schrankenverfahren stellt die von Misessche Plastizitätstheorie Berechnungsverfahren zur Verfügung, die mit entsprechenden, meist vereinfachten Ansätzen ohne großen mathematischen und rechnerischen Aufwand auf Näherungslösungen führen, von denen bekannt ist, daß sie entweder einen oberen Grenzwert (obere Schranke) oder einen unteren Grenzwert (untere Schranke) der wirklich auftretenden Umformkräfte liefern.
Die Ermittlung der oberen Schranke wird in der Praxis wegen ihrer größeren Sicherheit bei der Vorgangsauslegung gegenüber der unteren Schranke bevorzugt. Bei der Anwendung dieses Verfahrens auf das Gesenkschmieden sind verschiedene Autoren [60, 62, 63] von den Annahmen ausgegangen, daß der Werkstofffluß gegen Ende des Schmiedevorgangs nur noch in einer Scheibe von der Dicke s (Gratdicke) stattfindet, und innerhalb dieser Scheibe ein lineares Geschwindigkeitsfeld herrscht (Bild 51). Ein lineares Geschwindigkeitsfeld wie das angenommene bedeutet, daß ein ebener Querschnitt parallel zur z-Achse nur parallel nach außen verschoben wird; er bleibt dabei stets eben. Dies setzt voraus, daß an den waagerechten Grenzflächen keine Rei-

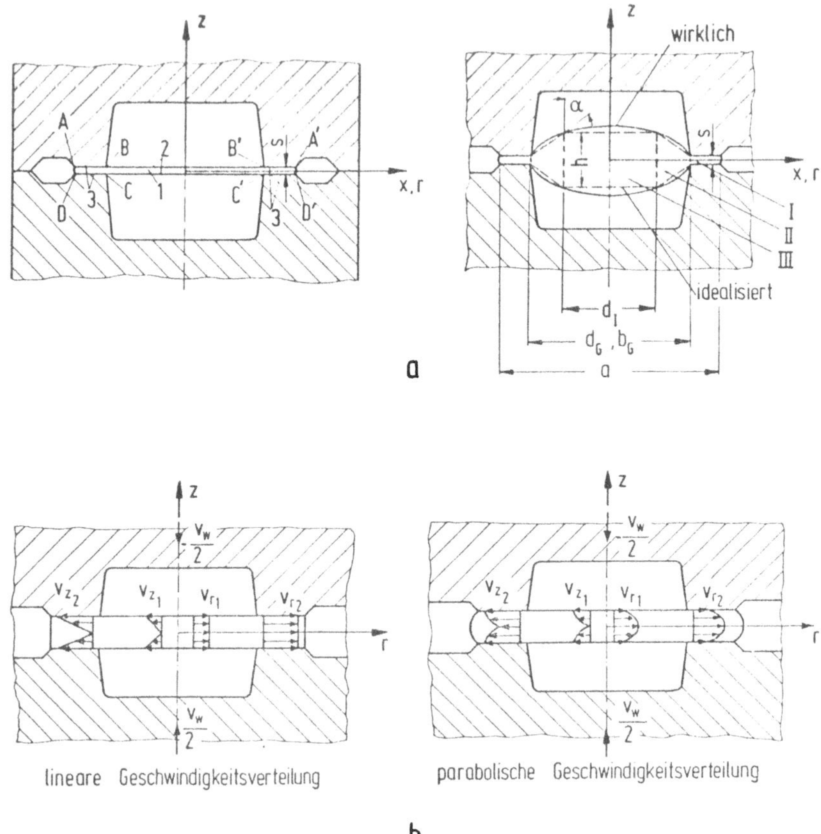

Bild 51 a: Form und Größe der Umformzone

51 b: Geschwindigkeit in der Umformzone

bung herrscht. Da der Werkstoff außerhalb der angenommenen Umformzone als starr angesehen worden ist, müßte konsequenterweise an den Grenzflächen Haftreibung angesetzt werden. Die Annahme einer linearen Geschwindigkeitsverteilung ist daher physikalisch nicht haltbar.
Zwar bedingt die scheibenförmige Umformzone eine Erhöhung der berechneten Umformkraft, das angenommene lineare Geschwindigkeitsfeld bewirkt jedoch eine Verringerung derselben, so daß je nach Werkstückform, Werkstückwerkstoff und Gratdicke die Anwendung dieses Verfahrens auf das Warmgesenkschmieden zu brauchbaren Ergebnissen führt. Beim Kaltgesenkschmieden liegen die berechneten Kräfte gegenüber den gemessenen vor allem bei kleinen Gratdicken zu hoch. Es wurden daher die Annahmen überprüft, um neue physikalisch vertretbare Ansätze über Form und Größe der Umformzone sowie über die mögliche Geschwindigkeitsverteilung in dieser aufzustellen.
Ergebnisse eigener und bekannter visioplastischer Untersuchungen [10, 64] haben gezeigt, daß die Umformzone keineswegs die scheibenförmige Gestalt besitzt, sondern sich aus zwei Bereichen zusammensetzt, einem Bereich geringer plastischer Umformung und einem linsenförmigen Bereich größter plastischer Umformung [10]. Für die Berechnung nach dem Verfahren der oberen Schranke wurde nur der Bereich größter Umformung in Betracht gezogen. Da die Linsenform dieser Umformzone mathematisch schwierig zu beschreiben ist, wurde sie unter Zugrundelegung des Gesetzes des geringsten Zwanges idealisiert[61].

Gemäß Ergebnissen visioplastischer Untersuchungen (siehe Anhang B) und in Übereinstimmung mit anderen Arbeiten wurde eine parabolische Verteilung der Radialgeschwindigkeit v_r über der Höhe der Umformzone angesetzt, wodurch sich eine parabolförmige Verwölbung der senkrechten Querschnitte ergibt (Bild 51). Zwischen v_r und r wurde ein linearer Zusammenhang angenommen, was bereits beim Stauchen experimentell nachgewiesen ist. Mit den Randbedingungen für die Geschwindigkeiten ergibt sich:

$$v_r = \frac{r}{s} \cdot v_W \cdot \left[\frac{1}{2} + K\left(\frac{3z^2}{s^2} - \frac{1}{4}\right)\right] \qquad (19)$$

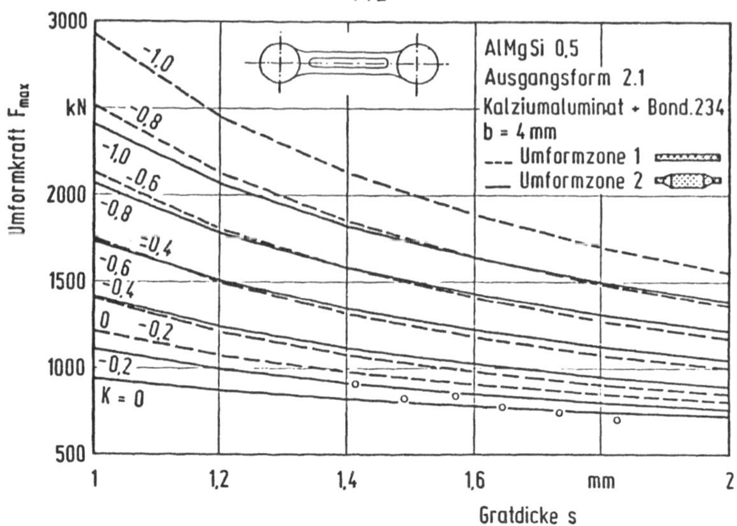

Bild 52 : Vergleich zwischen berechneten und gemessenen Umformkräften (Ansatz 1)

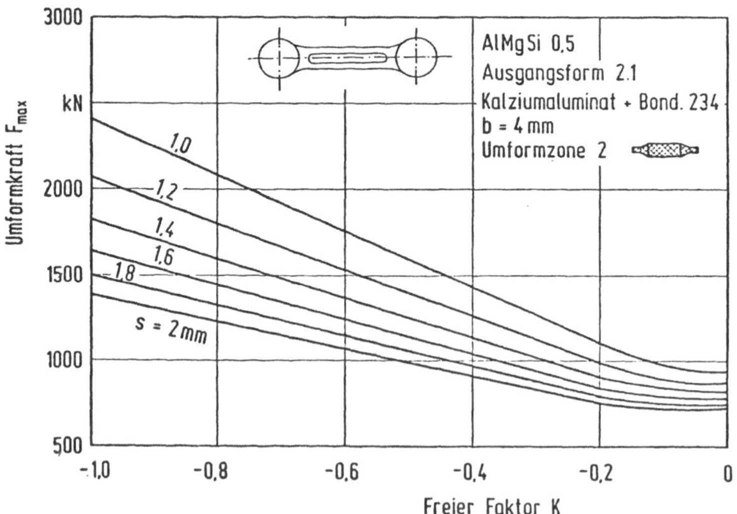

Bild 53 : Zusammenhang zwischen Umformkraft und Faktor K (Ansatz 1)

wobei v_w die Werkzeuggeschwindigkeit, mit der sich die beiden Gesenke relativ aufeinander bewegen, ist.
Aus der Kontinuitätsgleichung ergibt sich:

$$v_z = - \frac{2z}{s} \cdot v_w \cdot [\frac{1}{2} + K \ (\frac{z^2}{s^2} - \frac{1}{4})] \qquad (20)$$

Das vorliegende Geschwindigkeitsfeld ist also kinematisch zulässig (Ansatz 1) .
Die aus dem vorgestellten Geschwindigkeitsfeld errechnete Gesamtumformleistung P setzt sich aus drei Anteilen zusammen:

- Die reine Umformleistung P_U ist der Anteil, der zur Formänderung des Werkstoffes notwendig ist.
- Die Reibleistung P_R berücksichtigt die Energieverluste, die durch die äußere Reibung zwischen Werkzeug und Werkstück auftreten.
- Die Scherleistung P_S erfaßt die Energie, die infolge Geschwindigkeitsunterschiede an den Trennflächen zum Scheren des Werkstoffes benötigt wird.

Die gesamte Umformkraft ergibt sich aus:

$$F = F_U + F_R + F_S = \frac{1}{v_w} (P_U + P_R + P_S) \qquad (21)$$

Die Formeln zur Berechnung der Leistungen und Kräfte sind im Anhang C zu finden. Die Rechenergebnisse sind in Bild 52 den Meßwerten gegenübergestellt. Der beliebig differenzierbare Faktor K (r) $(-1 \leq K(r) \leq 0)$ ist das Maß für die Größe der Verwölbung der senkrechten Querschnitte, wobei K = 0 reibungsfreiem Gleiten (lineares Geschwindigkeitsfeld) und K = - 1 vollem Haften an den Grenzflächen (parabolisches Geschwindigkeitsfeld) gleichkommt. Dieser Faktor K kann nicht, wie in [63] behauptet wurde, so bestimmt werden, daß für einen bestimmten Wert von K zwischen - 1 und 0 die Gesamtumformleistung einen Kleinstwert annimmt. Der Kleinstwert der Leistung bzw. der Umformkraft liegt naturgemäß bei K = 0 (Bild 53). Dies wurde auch in [65] bestätigt. Die mit K = - 1 berechneten Kräfte sind viel zu hoch, während die mit K = 0 berechneten sogar unterhalb der Meßwerte liegen (linsenförmige Umformzone), so daß sie keine obere Schranke mehr darstellen. Die Genauigkeit der Berechnung hängt also von der Wahl des Faktors K ab, der bis jetzt auf theoretischem Weg noch nicht bestimmt werden konnte.

Ein weiterer Versuch, den Faktor K zu eliminieren, führt zu dem Ansatz, nach dem die Umformzone im Gravurbereich wie eine Haftzone (K = - 1), im Gratspalt dagegen wie eine Gleitzone angenommen wurde (Ansatz 2).
Für den Gravurbereich ergeben sich die Gleichungen (19, 20) damit zu:

$$v_{rI,II} = \frac{3r}{s^3} \cdot v_w \cdot \left(\frac{s^2}{4} - z^2\right) \quad (22)$$

$$v_{zI,II} = - \frac{2z}{s^3} \cdot v_w \cdot \left(\frac{3s^2}{4} - z^2\right) \quad (23)$$

mit: $0 \leqq r \leqq \frac{d_G}{2}$

Für die Gleitzone wurde der Radialgeschwindigkeit v_{rI} ein linearer Anteil (reines Gleiten) angeschlossen. Es gilt z. B. für ein rotationssymmetrisches Schmiedeteil:

$$v_{rIII} = \frac{3}{2} \cdot \frac{d_G}{s^3} \cdot v_w \cdot \left(\frac{s^2}{4} - z^2\right) + \frac{v_w}{2s} \cdot \left(r - \frac{d_G}{2}\right) \quad (24)$$

$$v_{zIII} = - \frac{3}{2} \cdot \frac{d_G}{s^3} \cdot \frac{z}{r} \cdot v_w \cdot \left(\frac{s^2}{4} - \frac{z^2}{3}\right) - \frac{v_w}{s} \cdot z \cdot \left(1 - \frac{d_G}{4r}\right) \quad (25)$$

wobei d_G bei Langformteilen b_G entspricht.
Da die Randbedingung $v_{zI} = v_{zII}$ bzw. $v_{zII} = v_{zIII}$ für $r = \frac{d_G}{2}$ bzw. $r = \frac{d_I}{2}$ nicht erfüllt ist, tritt also an den Grenzflächen I, II und III Scherung in z-Richtung auf, die in der Berechnung mitberücksichtigt wurde. Dabei ergab sich, daß der Anteil der Scherleistung an der Gesamtumformleistung vernachlässigt werden kann.
Die obigen Geschwindigkeiten und damit alle Leistungen und Kräfte sind jetzt unabhängig vom Faktor K. Dieser Ansatz führte allerdings zu überhöhten Kräften, da die mit K = - 1 berechnete ideelle Umformleistung zu hoch war.

Der dritte Ansatz geht von der Überlegung aus, daß die Verwölbung der senkrechten Querschnitte (Faktor K) physikalisch gesehen eine Folge der Reibung (μ) an den Preßflächen sein muß. Für die Berechnung der Umformleistung müssen aber sowohl K als auch μ bekannt sein. Es muß also ein direkter Zusammenhang zwischen K und μ bestehen, damit sich für einen bestimmten Wert μ eine bestimmte Verwölbung einstellt, so daß nur noch ein freier Parameter vorhanden ist. Da zwischen $\mu = 0$ ($K = 0$) und $\mu = 0{,}577$ ($K = -1$) kein Minimum der Gesamtumformleistung besteht - ein Minimum ist logischerweise immer an der Stelle $\mu = 0$ - konnte die Vermutung, daß bei richtiger Kombination von K und μ die Gesamtumformleistung am geringsten wird, nicht bestätigt werden. Eine dritte Randbedingung für die Beziehung $K = f(\mu)$ ist nicht bekannt, so daß ein linearer Zusammenhang angesetzt wurde (Ansatz 3) :

$$K = - \sqrt{3} \cdot \mu \qquad (26)$$

Der Faktor K ist damit durch die Reibung zwischen Werkzeug und Werkstück bestimmt. Die Geschwindigkeit v_z ist dadurch über der ganzen Umformzone stetig, so daß an den Grenzflächen I - II und II - III keine Scherung in z-Richtung stattfindet.
Die Formeln zur Berechnung der Leistungen und Kräfte entsprechen denen mit dem Ansatz 1 . Die Bilder 54 und 55 zeigen wiederum den Vergleich zwischen Rechnung und Versuch. Eine gute Übereinstimmung wurde für AlMgSi 0,5 mit $\mu = 0{,}15$, für Ck 15 mit $\mu = 0{,}1$ und linsenförmiger Umformzone erreicht. Diese Reibzahlen wurden bereits aus dem Ringstauchversuch mit entsprechend oberflächenbehandelten Proben ermittelt.

Die gute Übereinstimmung mit den Meßwerten bestätigt, daß der neue Ansatz das tatsächliche Verhältnis zutreffender beschreibt. Das Verfahren der oberen Schranke kann jedoch die beiden Grössen, die beim Kaltgesenkschmieden am stärksten Einfluß auf die Umformkraft ausüben - Werstoffeinsatzmasse und Ausgangsform - nicht berücksichtigen. Die aus der Geometrie und aus der Fließkurve gewonnene Fließspannung geht zwar in die Berechnung ein, sie kann die beiden Größen jedoch nicht ausreichend beschreiben.

7.2.2 Finite-Elemente-Methode (FEM)

Wenn außer den Integralgrößen, wie z. B. Umformkraft und -leistung, auch Formänderungen, Formänderungsgeschwindigkeiten

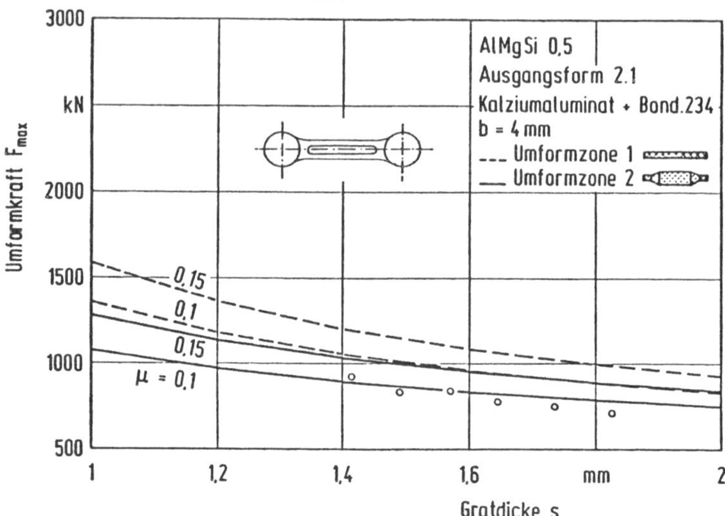

Bild 54 : Vergleich zwischen berechneten und gemessenen Umformkräften (Ansatz 3)

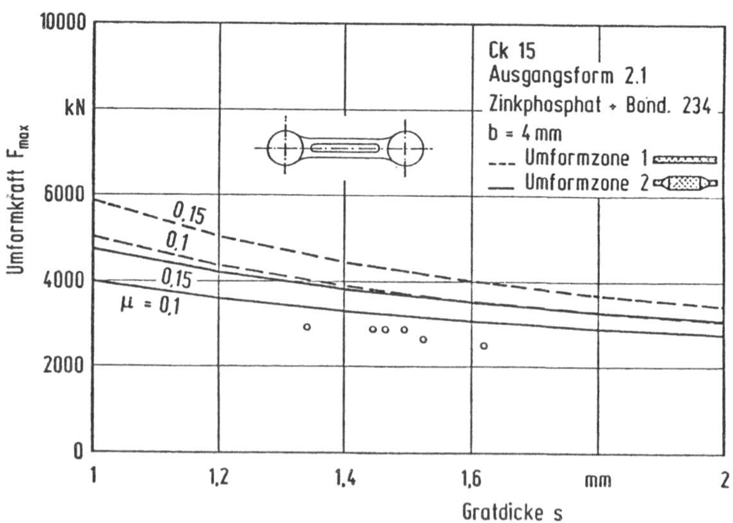

Bild 55 : Vergleich zwischen berechneten und gemessenen Umformkräften (Ansatz 3)

und Spannungen berechnet werden sollen, sind die elementare Plastizitätstheorie und das Verfahren der oberen Schranke überfordert. Hierfür müssen die numerischen Näherungsverfahren, wie z. B. die Finite-Elemente-Methode, zur Anwendung kommen. Die Grundlagen dieser Methode werden hier nicht erläutert. Sie sind u. a. aus [66] zu entnehmen.
Die Finite-Elemente-Methode bietet die Möglichkeit, sowohl Werkzeuge als auch Werkstücke während des Umformvorgangs zu berechnen.

7.2.2.1 Berechnung der Schmiedegesenke

Werkzeugbezogene Berechnungen dienen z. B. zur Ermittlung der Spannungen im Werkzeug sowie dessen elastischen Verformungen während des Umformvorgangs.
Für die zum Schmieden der Werkstückform 1 verwendeten Gesenke (Bild 7) wurde das Rechenprogramm ASKA (rein-elastisch) [67] verwendet, wobei die Gesenke in TRIAX 6-Elemente und an den Übergangsradien in TRIAXC 6-Elemente mit quadratischem Verschiebungsansatz aufgeteilt wurden. Bei der Berechnung wurde die Verschiebungsmethode mit den Knotenpunktspannungen als Eingabe für die Belastung angewandt. Die Knotenpunktspannungen wurden aus dem Verlauf der Kontaktnormalspannungen ermittelt, die mit Sensoren bzw. mit Meßstiften gemessen wurden.
Die Vergleichsspannung nach v. Mises

$$\sigma_v = \sqrt{\frac{1}{2}(\sigma_1-\sigma_2)^2+(\sigma_2-\sigma_3)^2+(\sigma_3-\sigma_1)^2} \qquad (27)$$

ermöglicht den Vergleich der Rechenergebnisse (mehrachsiger Spannungszustand) mit den Werten, die aus einem einachsigen Zugversuch gewonnen wurden.
Die Darstellung der Vergleichsspannung σ_v über der abgewickelten Gravuroberfläche wurde gewählt, da hier Spannungsspitzen aufgezeichnet werden können, die unter Umständen einen vorzeitigen Ausfall des Gesenkes durch plastische Verformung oder Rissbildung verursachen.
Im Rahmen dieses Berichtes wird lediglich die untere Werkzeughälfte (Gesenk und Armierung) besprochen, da in der oberen Hälfte die Werkzeugbeanspruchung und damit die elastischen

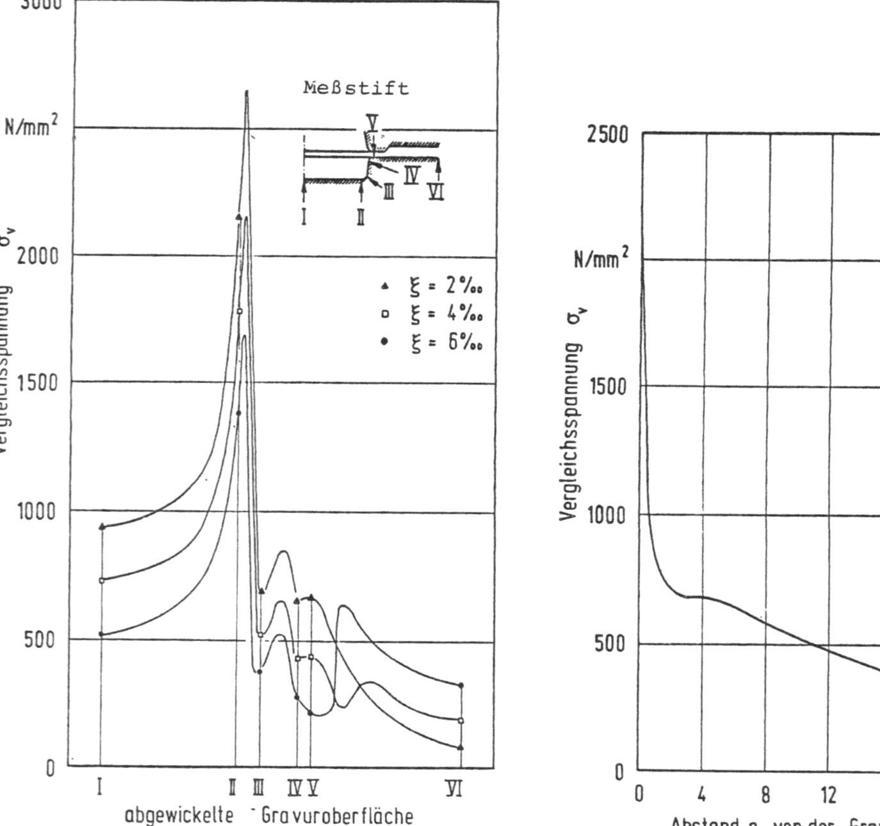

Bild 56: Vergleichsspannung über der abgewickelten Gravuroberfläche (FEM)

Bild 57: Abbau der Vergleichsspannung (FEM)

Verformungen infolge der offenen Ausführung des Zapfens nur etwa 50 % der Werkzeugbeanspruchungen in der unteren Werkzeughälfte betrugen.
Der Verlauf der Vergleichsspannung im Untergesenk für verschiedene Haftmaße ξ ist in Bild 56 dargestellt. Von der Gravurmitte aus steigt die Spannung, bis sie im Gravurgrundradius eine Spannungsspitze erreicht, die nicht in der Mitte der Rundung, sondern, von der Gesenkmitte aus gesehen, etwa nach einem Drittel des Viertelkreises liegt. Nach dem steilen Abfall durchläuft die Vergleichsspannung entlang der Gravurschräge wieder einen Hochpunkt. Die am Grateinlaufradius erwartete Spannungsspitze wurde jedoch durch den gegenläufigen Spannungszustand aufgrund der Armierung unterdrückt. Nur bei kleinen Haftmaßen war noch ein Abweichen der Verläufe zu beobachten. Im Gratspalt und im Gratauslauf bewirkt ein größeres Haftmaß ein Anheben der Vergleichsspannung, während in der Gravur die Vergleichsspannung dadurch geringer wird.
Der Verlauf der Vergleichsspannung ist für alle drei untersuchten Gratbahnbreiten (b = 4 mm, 6 mm und 8 mm) ähnlich. Eine Vergrößerung der Gratbahnbreite, was einer Erhöhung der Kontaktnormalspannung gleichkommt, bewirkt ebenfalls eine Zunahme der Vergleichsspannung.
Im Falle einer Armierung mit 2 ‰ Haftmaß muß mit einer örtlichen plastischen Verformung des Gesenkes am Gravurgrundradius gerechnet werden, da die Fließgrenze des Werkzeugwerkstoffs von 2200 N/mm² (58 HRc) von der Spannungsspitze überschritten wird. Nähere Aussagen über die plastische Verformung konnten nicht gemacht werden, da die Berechnung rein elastisch erfolgte. Diese Verformung könnte mit einem elastisch-plastischen Rechenmodell erfaßt werden. Die zum Kaltgesenkschmieden verwendeten Gesenke wurden jedoch mit 6 ‰ Haftmaß armiert, so daß bei gleicher Werkzeugbelastung eine mögliche plastische Verformung nicht zu befürchten war.
Die Spannungsspitze wird außerdem so schnell abgebaut, daß bereits 0,6 mm unterhalb der Gravuroberfläche die Vergleichsspannung nur noch die Hälfte ihres Wertes an der Oberfläche beträgt (Bild 57). Den Verlauf der Vergleichsspannung über der oberen Stirnfläche des Armierungsrings zeigt Bild 58.

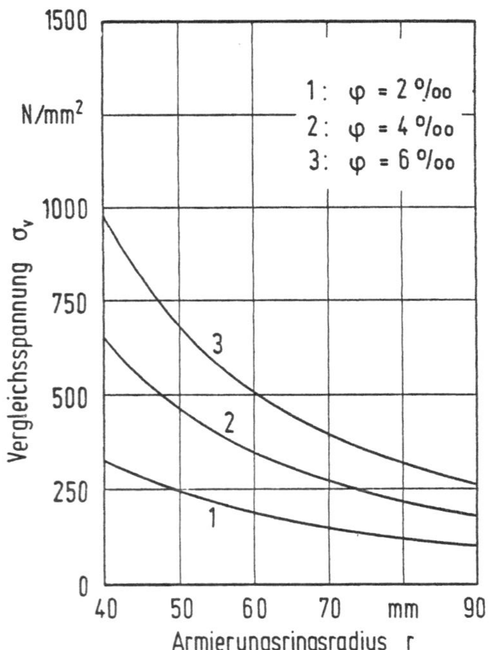

Bild 58: Verlauf der Vergleichsspannung über der Stirnfläche des Armierungsrings (FEM).

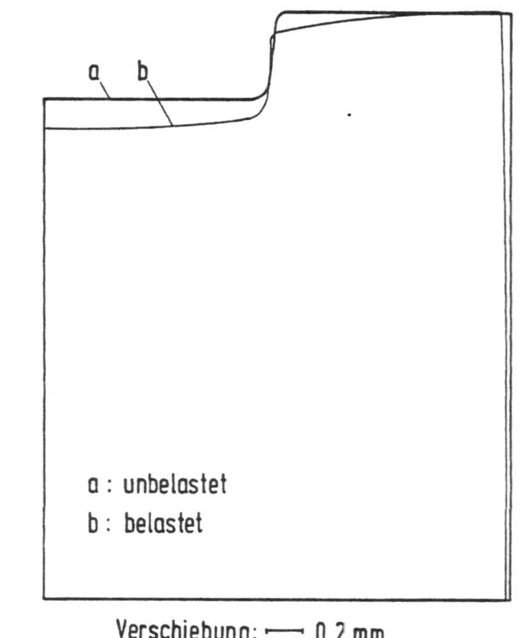

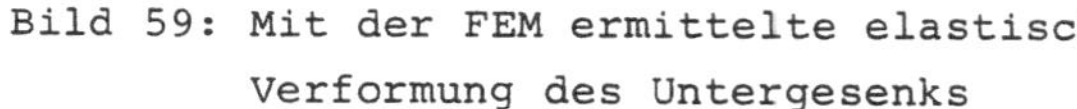

Bild 59: Mit der FEM ermittelte elastische Verformung des Untergesenks

Die höchsten Spannungswerte bestehen an der Ringinnenseite. Sie nehmen bis zur äußeren Mantelfläche auf ein Drittel ihrer Werte ab. Auch hier bewirkt ein größeres Haftmaß eine Erhöhung der Vergleichsspannung wie im Gratauslauf des Gesenkes.

Die elastische Verformung des Gesenkes bzw. des Gesamtwerkzeugs ist ausschlaggebend für die Maßhaltigkeit der Schmiedeteile, sowohl in Preßrichtung als auch quer dazu (Bild 59). Sie kann bei vorgegebener Werkzeugbeanspruchung berechnet und mit den geforderten Fertigungstoleranzen der Schmiedeteile verglichen werden.

Problematisch ist bei dieser Berechnung die aufwendige Ermittlung der Werkzeugbelastung mit Sensoren oder Meßstiften. Von ihr hängt die Genauigkeit der Rechenergebnisse ab. Es ist jedoch möglich, die Werkzeugbelastung mit einem werkstückbezogenen Rechenprogramm zu ermitteln.

7.2.2.2 Berechnung der Schmiedeteile

Das verwendete Rechenprogramm für starr-plastische Werkstoffmodelle [68, 69] wurde ausgehend von den Ergebnissen der experimentellen Stoffflußuntersuchungen durch neue Idealisierungen und Randbedingungen optimiert. Ein weiteres Ziel der Optimierung ist die Reduzierung der für die FE-Methode erforderlichen hohen Rechenzeit.

Ausgehend von der Ausgangsform der Werkstückform 1, deren Längsschnitt durch ebene rechteckige Elemente idealisiert wird (Bild 60), wurden die Zwischenstadien und die Endform (Werkstückform) sowie die Formänderungen, die Formänderungsgeschwindigkeiten, die Spannungen und die Umformkräfte schrittweise berechnet. Die Kontur der Gesenke wurde durch Polygonzüge angenähert. Näheres über das Rechenprogramm ist in [68, 69] beschrieben. Nach jedem Rechenschritt berechnet das Programm die neue Form des Werkstücks sowie die neue Lage des Gesenkes und stellt fest, welche Punkte des Werkstücks (Knotenpunkte) sich an die Gesenkkontur angelegt oder diese überschritten haben. Für diese Punkte werden die Geschwindigkeiten an den Berührungsflächen zwischen Werkstück und Gesenk erneut berechnet. Diese Punkte können an den Berührungsflächen haften, entlang

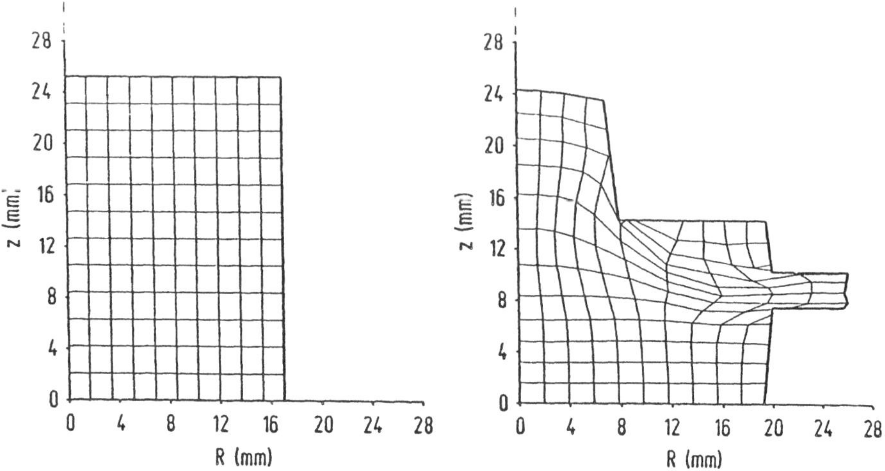

Bild 60: Idealisierung der Ausgangsform, Werkstückform

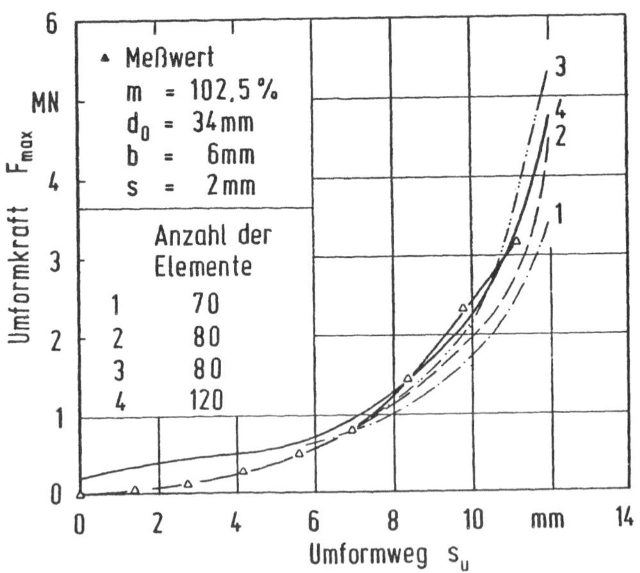

Bild 61: Mit der Finite-Elemente-Methode (FEM) berechnete Umformkräfte

dieser gleiten oder sich in das Werkstückinnere bewegen. Entsprechend wird die Werkstückgeometrie korrigiert.

Die mit verschiedenen Idealisierungen berechneten Umformkräfte sind in Bild 61 den Meßwerten gegenübergestellt. Die berechneten Kurven unterscheiden sich am Anfang des Schmiedevorgangs (s_u < 6 mm) nicht voneinander. Sie liegen jedoch alle oberhalb der gemessenen Werte, da das Rechenprogramm nach der Finite-Elemente-Methode in Verbindung mit dem oberen Schrankenverfahren arbeitet. Die Abweichung an der Stelle $s_u = 0$ ist bedingt durch das angenommene starr-plastische Werkstoffmodell, während der gemessene Kraft-Weg-Verlauf das tatsächliche Verhältnis (elastisch-plastisch) beschreibt. Mit dem fortschreitenden Umformweg wird die Übereinstimmung besser, wobei die Idealisierung mit 120 Elementen die besten Ergebnisse sowohl hinsichtlich der Umformkraft als auch der Werkstückformabbildung lieferte.

Die Gesamtrechenzeit betrug 1,5 Systemstunden. Durch die feine Idealisierung mit 120 Elementen waren weniger Iterationsschritte erforderlich, so daß die Rechenzeit trotz größerer Anzahl der Elemente unwesentlich höher als die für wenigere Elemente war.

Die Gratdicke bei den Werkstücken aus Ck 15 beträgt 2 mm. Bei dieser Gratdicke ist die Netzstruktur bereits stark verzerrt, jedoch noch auswertbar. Bei noch kleiner werdender Gratdicke, wie im Fall der Werkstücke aus Aluminiumlegierungen, ist eine Neuformierung des Netzes erforderlich.

Bild 62 zeigt die dazugehörigen Verteilungen der Spannungen, der Formänderungen sowie der Formänderungsgeschwindigkeiten im Werkstück. Der Verlauf der Druckspannung in Preßrichtung bzw. der Vergleichsspannung an den Knotenpunkten auf der Gravur- und Gratbahnoberfläche kann als Werkzeugbeanspruchung in eine Berechnung entsprechend Abschnitt 7.2.2.1 eingegeben werden.

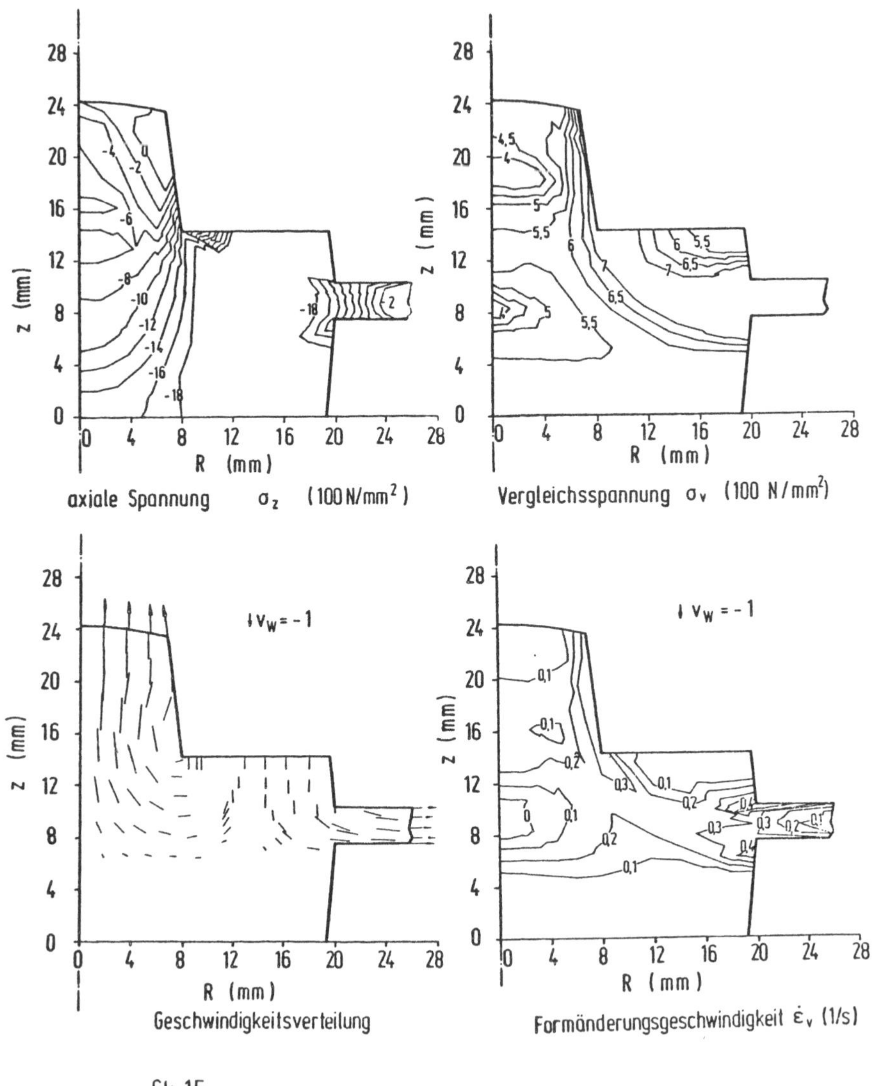

Bild 62 : Mit der FEM ermittelte Spannungen , Geschwindigkeitsverteilung und Formänderungsgeschwindigkeit

7.3 Gestaltung des Gratspalts

Der Einfluß des Gratspalts auf die einzelnen Verfahrenskenngrößen beim Warmgesenkschmieden sowie seine Gestaltung waren mehrfach Gegenstand verschiedener Untersuchungen [6, 15 bis 23]. In den letzten Abschnitten wurde gezeigt, daß beim Kaltgesenkschmieden die Verfahrenskenngrößen infolge der starken Verfestigung des Werkstoffes im Gratspalt sowie der veränderten weiteren Randbedingungen noch stärker von der Gratspaltgeometrie abhängig sind. Dies muß bei der Werkzeuggestaltung berücksichtigt werden.

Die bisher beim Warmgesenkschmieden bekannten Formeln nach [6, 15 bis 23] zur Berechnung von Gratdicke und Gratspaltverhältnis wurden auf ihre Anwendbarkeit auf die untersuchten Werkstückformen geprüft. Sie lieferten allerdings Werte für die Gratdicke, die für die Verhältnisse beim Kaltgesenkschmieden eindeutig zu klein sind. Nach [18] wurden z. B. für die Werkstückform 1 eine Gratdicke von s = 1,48 mm und ein Gratbahnverhältnis von b/s = 4,1, nach [6] dagegen s = 0,83 mm und b/s = 4,95, ermittelt.
Versuche beim Kaltgesenkschmieden von Ck 15 haben jedoch gezeigt, daß im Hinblick auf Kraftbedarf, Steighöhe und Werkstoffverlust eine Gratdicke von s = 2 mm und ein Gratbahnverhältnis von b/s = 3 am günstigsten waren. Bei den Aluminiumlegierungen lag die optimale Gratdicke bei 1,5 mm [70 bis 73].

Aufgrund der erzielten Ergebnisse konnten jedoch wegen der wenigen untersuchten Werkstückformen keine allgemeingültige Richtlinien für die Gestaltung des Gratspalts für das Kaltgesenkschmieden aufgestellt werden [70 bis 73].

Damit die mechanischen Beanspruchungen der Werkzeuge beim Kaltgesenkschmieden von Stählen in vertretbaren Grenzen gehalten werden können, sollte bei der Werkzeugauslegung die Gratdicke auf jeden Fall doppelt so groß, das Gratbahnverhältnis etwa halb so groß wie die beim Warmgesenkschmieden üblichen Werte sein.

8 Abschließender Vergleich zwischen Kalt- und Warmgesenkschmieden

Es ist ohne eine ausführliche Kostenbetrachtung nicht möglich auszusagen, unter welchen Bedingungen das Kaltgesenkschmieden gegenüber dem Warm-bzw. Halbwarmgesenkschmieden wirtschaftlich ist. Dies muß vielmehr für die einzelne Werkstückform, -größe und Stückzahl von Fall zu Fall festgelegt werden. Vorteilhaft ist das Kaltgesenkschmieden jedoch immer, wenn die erhöhte Festigkeit genutzt und die nachfolgende spanende Bearbeitung bis auf das Abgraten eingespart werden kann.

Die Werkstoffkosten sind im allgemeinen niedriger als beim Warmgesenkschmieden, da ein geringerer Werkstoffverlust zu erwarten ist.

Kosten für die Erwärmung der Ausgangsteile treten nicht auf, wohl aber für das Weichglühen, falls der Werkstoff nicht bereits im weichgeglühten Zustand angeliefert worden ist.

Gegenüber dem Warmgesenkschmieden, bei dem der Schmierstoff lediglich auf Werkzeug und Ausgangsteil gesprüht wird, fallen Mehrkosten für Beizen sowie Phosphatieren (falls dies nicht durch einen optimierten Fertigungsablauf entbehrlich gemacht werden kann) an. Weitere Kosten entstehen ggf. durch das chemische Abtragen der Phosphatschicht nach der Umformung anstelle des Sandstrahlens, obwohl diese Schicht ein sehr guter Korrosionsschutz ist. Diese Mehrkosten können unter Umständen, insbesondere, wenn sie mehrmals während eines Fertigungsablaufs auftreten, erheblich höher als die Kosten für das Erwärmen des gleichen Ausgangsteils auf die Schmiedetemperatur sein. Der Fertigungsablauf beim Kaltgesenkschmieden soll daher, wenn Zwischenstufen unumgänglich sind, so ausgelegt sein, daß kein Zwischenglühen notwendig wird.

Die Maschinenkosten liegen, bedingt durch die höhere Umformkraft und die dadurch erforderliche höhere Nennkraft, etwas höher als beim Warmgesenkschmieden.

Standmenge und Aufbau der Werkzeuge sind ausschlaggebend für die Werkzeugkosten.

Die Standmenge ist die Anzahl der Schmiedeteile, die mit einem Werkzeug bis zu seinem Unbrauchbarwerden produziert werden kann. Ursache für das Unbrauchbarwerden eines Werkzeugs ist beim Warmgesenkschmieden in etwa 70 % aller Fälle der Verschleiß, aufgrund dessen die Fertigungstoleranzen nicht mehr eingehalten werden können. In anderen Fällen wird die Lebensdauer eines Werkzeugs durch vorzeitigen Bruch infolge mechanischer Rißbildung begrenzt [74 bis 77]. Da beim Kaltgesenkschmieden höhere mechanische Werkzeugbeanspruchungen (in der Regel 1,5- bis 2fach derjenigen beim Warmgesenkschmieden) zu erwarten sind, müssen diese durch entsprechende Auslegung des Schmiedevorgangs, z. B. mit Hilfe der Finite-Elemente-Methode, optimiert werden, um von vornherein ein Werkzeugbruch zu vermeiden und den Verschleiß herabzusetzen. Dabei müssen alle Verfahrensparameter - Ausgangsform, Einsatzmasse, Werkzeugwerkstoff, Werkstückwerkstoff, Schmierung usw. - berücksichtigt werden.

Als verschleißmindernd haben sich verschiedene Verfahren der Gravuroberflächenbehandlung bewährt [78, 79]. Es wird erwartet, daß bei geeigneter Schmierung die Standmenge beim Kaltgesenkschmieden ähnlich wie beim Kaltfließpressen höher als beim Warm- und Halbwarmschmieden ist. Eine Armierung der eigentlichen Gesenke sowie deren Aufteilung an kritischen Stellen, wie sie inzwischen beim Kaltfließpressen üblich ist, sind weitere Maßnahmen zur beanspruchungsgerechten und die Lebensdauer erhöhenden Auslegung der Werkzeuge.

Durch das Entfallen der Erwärmung der Ausgangsteile entsteht kein Temperaturgradient an der Gravuroberfläche und damit keine thermische Rißbildung, die den Werkzeugverschleiß fördern könnte. Die Umformtemperaturerhöhung durch Umsetzung der Umformarbeit in Wärme während des Umformvorgangs (ΔT zwischen 150 °C und 300 °C) hat bei geeigneten Schmierstoffen keinen nennenswerten Einfluß auf den Verschleiß.

Beim Warmgesenkschmieden werden vorwiegend gescherte Stababschnitte und Vierkantknüppel mit einer Volumenstreuung von etwa 3 % verwendet. Solche Streuungen müssen beim Kaltgesenkschmieden so gering wie möglich gehalten werden, da sich die Werkstoffeinsatzmasse stärker auf die Verfahrenskenngrößen und die mechanischen Eigenschaften der Schmiedeteile auswirkt. Die Auswahl der Ausgangsform erfordert in dieser Hinsicht mehr Sorgfalt.

Das Einsatzgebiet des Kaltgesenkschmiedens kann erheblich erweitert werden (kompliziertere Werkstückformen, größere Werkstückmasse, härtere Werkstoffe), wenn die üblichen Ausgangsformen (Stababschnitt, Vierkantknüppel) durch eine der Werkstückform angenäherte Zwischenform ersetzt werden können, die durch Warm- oder Halbwarmschmieden gefertigt werden. Die letzte Umformung (Kaltgesenkschmieden) muß jedoch noch genügend groß sein, damit eine ausreichende Verfestigung des Werkstoffes erreicht wird [80, 81].

9 Zusammenfassung

Im experimentellen Teil der Arbeit wurden in der Voruntersuchung Sensoren und Meßstifte zur Ermittlung der Kontaktnormalspannung entwickelt. In der Hauptuntersuchung wurde der Schmiedevorgang im Zusammenhang mit verschiedenen Verfahrensparametern, wie Ausgangsform, Werkstoffeinsatzmasse, Gratspaltgeometrie und Schmierung im Hinblick auf niedrige Werkzeugbeanspruchung und Umformkraft sowie gute Formfüllung und geringen Werkstoffüberschuß systematisch untersucht.

Die dafür notwendigen Werkzeuge wurden entsprechend der theoretischen Vorgangsanalysis und den Erfahrungen beim Werkzeugbau für das Kaltfließpressen konstruiert.

Außerdem wurden die mechanischen Werkstückeigenschaften wie Härte, Streckgrenze usw. in Abhängigkeit von den Verfahrensparametern ermittelt. Weiterhin wurden Zusammenhänge zwischen Härte, örtlicher Umformung und Fließspannung in Schmiedeteilen für die Werkstoffe AlMgSi 1, AlCuMg 2, AlMg 3 und AlMg 4,5 Mn aufgestellt. Bei Anwendung eines solchen Zusammenhanges auf kaltgeschmiedete Werkstücke können aufgrund von Härtemessungen, die sich vergleichsweise einfach durchführen lassen, Aussagen über die örtlichen Formänderungen und Streckgrenzen gemacht werden.

Stichversuche zum Halbwarmgesenkschmieden ermöglichen den Vergleich zwischen Kalt- und Halbwarmgesenkschmieden.

Die theoretischen Untersuchungen befaßten sich im wesentlichen mit der Ermittlung der Werkzeugbeanspruchung und der Umformkraft, wobei die Streifentheorie, das Verfahren der oberen Schranke und die Finite-Elemente-Methode angewandt wurden. Aufgrund der experimentellen Ergebnisse und Ergebnisse der Stofflußuntersuchungen wurden für die Anwendung der Streifentheorie und des Schrankenverfahrens auf das Kaltgesenkschmieden neue Ansätze entwickelt, die zu besseren Übereinstimmungen zwischen Rechnung und Versuch führten. Zur Durchführung der Berechnungen wurden Rechenprogramme entwickelt, die über die untersuchten Werkstückformen hinaus universal einsetzbar sind. Für eine einfache und praktische Anwendung in der Praxis wurde die Berechnungsmethode nach der Streifentheorie in Form eines Taschenrechnerprogramms aufbereitet.

Das Formpressen mit Grat bei Raumtemperatur (Kaltgesenkschmieden) hat gegenüber dem Warmgesenkschmieden Vorteile bei der Fertigung kleiner Schmiedeteile aus Stahl und Nichteisenmetallen. Mit Rücksicht auf die gegenüber dem Warmgesenkschmieden geänderten Randbedingungen hinsichtlich Verhalten des Werkstückwerkstoffes (Kaltverfestigung und Schmierbedingungen) gelten beim Kaltgesenkschmieden andere Regeln für die Bemessung des Gratspalts. Durch die vergleichsweise höhere mechanische Werkzeugbeanspruchung und damit die höhere erforderliche Umformkraft sind dem Kaltgesenkschmieden Grenzen gesetzt. Das Fertigteil soll daher für Stähle mit C < 0,25 % nicht viel mehr als 0,1 kg wiegen und nach Möglichkeit keine schroffe Querschnittsänderung besitzen.

Die Anwendungsmöglichkeit des Kaltgesenkschmiedens kann in Kombination mit Warm- bzw. Halbwarmumformvorgängen noch erweitert werden, wobei, um die Vorteile des Kaltgesenkschmiedens - erhöhte Festigkeit, Oberflächenqualität, Maßgenauigkeit usw. - ausnutzen zu können, die letzte Umformstufe bei Raumtemperatur erfolgen muß.

Die Oberflächenbeschaffenheit und die Maßgenauigkeit der kaltgeschmiedeten Teile sind wegen Wegfalls der Oxydation besser als beim Warm- und Halbwarmgesenkschmieden. Sie sind mit denen des Kaltfließpressens (zwischen IT 8 und IT 12) vergleichbar. Das gleiche gilt auch für die mechanische Werkzeugbeanspruchung, die sich durch das Entfallen der thermischen Beanspruchung und durch entsprechende Auslegung des Schmiedevorgangs günstig beeinflussen läßt. Sie liegen in der Größenordnung der beim Kaltfließpressen auftretenden Beanspruchungen.

Eine Verminderung der Schwingfestigkeit der Schmiedeteile durch die Randentkohlung tritt beim Kaltgesenkschmieden nicht auf.

Der wesentliche Vorteil des Kaltgesenkschmiedens wird darin gesehen, daß die Werkstücke eine gegenüber dem Ausgangswerkstoff höhere Festigkeit und Härte aufweisen. Je nach Schmiedebedingungen kann mit einer Härtesteigerung um bis zu 140 % gerechnet werden.

Anhang

Anhang A: Streifen-, Scheiben- und Röhrentheorie
Formelsammlung

Elementsymbol	Reibungs-typ	Querspannung σ_x	Längs-spannung σ_z	Flächen-pressung	Umformkraft
	1.1a Gleit-reibung	$(k_f+\sigma_{x_0})\cdot e^{{}^{(-)}2\frac{\mu}{h}x}-k_f$ $=(k_f+\sigma_{x_1})\cdot e^{{}^{(-)}2\frac{\mu}{h}(x-b)}-k_f$	σ_x+k_f	$p=\sigma_z$	$F_l={}^{(-)}\,l\cdot\frac{h}{2\mu}(k_f+\sigma_{x_0})\left(e^{{}^{(-)}2\frac{\mu}{h}\cdot b}-1\right)$ $=\overset{(+)}{-}\,l\cdot\frac{h}{2\mu}(k_f+\sigma_{x_1})\left(e^{\overset{(+)}{-}2\frac{\mu}{h}\cdot b}-1\right)$ $F_{rot}=\frac{\pi h}{\mu}(k_f+\sigma_{x_0})\left[e^{2\frac{\mu}{h}\cdot b}\left(x_1-\frac{h}{2\mu}\right)-x_0+\frac{h}{2\mu}\right]$
(→) z 0 1 x	1.1b Näherung	${}^{(-)}(k_f+\sigma_{x_0})\cdot 2\frac{\mu}{h}x+\sigma_{x_0}$ $={}^{(-)}(k_f+\sigma_{x_0})\cdot 2\frac{\mu}{h}(x-b)+\sigma_{x_1}$	σ_x+k_f	$p=\sigma_z$	$F_l=l\cdot b\,(k_f+\sigma_{x_0})\left(1\overset{(-)}{+}\frac{\mu}{h}\cdot b\right)$ $=l\cdot b\,(k_f+\sigma_{x_1})\left(1\overset{(+)}{-}\frac{\mu}{h}\cdot b\right)$
	1.2 Reibung allgem.	${}^{(-)}2\frac{\mu}{h}\cdot k_f\cdot x+\sigma_{x_0}$ $={}^{(-)}2\frac{\mu}{h}k_f(x-b)+\sigma_{x_1}$	σ_x+k_f	$p=\sigma_z$	$F_l=l\cdot b\left({}^{(-)}\frac{\mu}{h}\cdot k_f\cdot b+\sigma_{x_0}+k_f\right)$ $=l\cdot b\left(\overset{(+)}{-}\frac{\mu}{h}k_f\cdot b+\sigma_{x_1}+k_f\right)$
	1.3 Haft-reibung	${}^{(-)}\frac{k_f}{h}\cdot x+\sigma_{x_0}$ $={}^{(-)}\frac{k_f}{h}(x-b)+\sigma_{x_1}$	σ_x+k_f	$p=\sigma_z$	$F_l=l\cdot b\left({}^{(-)}\frac{k_f}{h}\cdot\frac{b}{2}+\sigma_{x_0}+k_f\right)=l\cdot b\left(\overset{(+)}{-}\frac{k_f}{h}\cdot\frac{b}{2}+\sigma_{x_1}+k_f\right)$ $F_{rot}=\pi\left[\frac{k_f}{h}\cdot\frac{2}{3}(x_1^3-x_0^3)+\left(\frac{k_f}{h}(h-x_0)+\sigma_{x_0}\right)(x_1^2-x_0^2)\right]$
	1.4 keine	$\sigma_{x_0}=\sigma_{x_1}$	σ_x+k_f	$p=\sigma_z$	$F_l=l\cdot b\cdot\sigma_z \qquad F_{rot}=\pi\cdot\sigma_z\,(x_1^2-x_0^2)$
	2.1 Gleit-reibung	$\left(k_f\frac{A}{A-1}+\sigma_{x_0}\right)\left(\frac{h}{h_0}\right)^{A-1}-k_f\frac{A}{A-1}$ $=\left(k_f\frac{A}{A-1}+\sigma_{x_1}\right)\left(\frac{h}{h_1}\right)^{A-1}-k_f\frac{A}{A-1}$ $A=\frac{1}{TA}\left(\frac{\tan\alpha\overset{(-)}{+}\mu}{MA}+\frac{\tan\beta\overset{(-)}{+}\mu}{MB}\right)$ $TA=\tan\alpha+\tan\beta$ $MA=1\overset{(+)}{-}\mu\cdot\tan\alpha$ $MB=1\overset{(+)}{-}\mu\cdot\tan\beta$	σ_x+k_f	$p=\frac{\sigma_z}{MA}$ $p'=\frac{\sigma_z}{MB}$	$F_l=l\left[\frac{1}{TA}\left(\frac{\sigma_{x_0}}{A}+\frac{k_f}{A-1}\right)\left(h_1\left(\frac{h_1}{h_0}\right)^{A-1}-h_0\right)-\frac{k_f}{A-1}\cdot b\right]$ $=-l\left[\frac{1}{TA}\left(\frac{\sigma_{x_1}}{A}+\frac{k_f}{A-1}\right)\left(h_0\left(\frac{h_0}{h_1}\right)^{A-1}-h_1\right)+\frac{k_f}{A-1}\cdot b\right]$
(→) z 0 1 x, r	2.2 Reibung allgem.	$B\cdot\ln\frac{h}{h_0}+\sigma_{x_0}$ $=B\cdot\ln\frac{h}{h_1}+\sigma_{x_1}$ $B=\frac{1}{TA}\left(KA\tan\alpha+KB\tan\beta\overset{(-)}{+}2\mu k_f\right)+k_f$ $KA=\overset{(-)}{+}\mu\cdot k_f\cdot\tan\alpha$ $KB=\overset{(-)}{+}\mu\cdot k_f\cdot\tan\beta$	σ_x+k_f	$p=\sigma_z+KA$ $p'=\sigma_z+KB$	$F_l=l\left[B\left(\frac{h_1}{TA}\cdot\ln\frac{h_1}{h_0}-b\right)+b\,(\sigma_{x_0}+k_f)\right]$ $=-l\left[B\left(\frac{h_0}{TA}\cdot\ln\frac{h_0}{h_1}+b\right)-b\,(\sigma_{x_1}+k_f)\right]$ $F_{rot}=\frac{\pi}{TA^2}\left[B\left(h_1^2\cdot\ln\frac{h_1}{h_0}+2KC\,(h_0\cdot\ln h_0-h_1\cdot\ln h_1+h_1-h_0)\right)+\left(\sigma_{x_0}+k_f-\frac{B}{2}\right)(h_1^2-h_0^2)\right]$ $KC=h_0-r_0\cdot TA$
	2.3 Haftreib.	wie unter 2.2 mit $\mu=0{,}5$			
	2.4 keine	$k_f\cdot\ln\frac{h}{h_0}+\sigma_{x_0}$ $=k_f\cdot\ln\frac{h}{h_1}+\sigma_{x_1}$	σ_x+k_f	$p=p'=\sigma_z$	$F_l=l\left(k_f\frac{h_1}{TA}\cdot\ln\frac{h_1}{h_0}+\sigma_{x_0}\cdot b\right)$ $=-l\left(k_f\frac{h_0}{TA}\cdot\ln\frac{h_0}{h_1}-\sigma_{x_1}\cdot b\right)$
	3.1 Gleit-reibung	$\left(\sigma_{x_0}-k_f\frac{A}{A-1}\right)\left(\frac{h}{h_0}\right)^{A-1}+k_f\frac{A}{A-1}$ $=\left(\sigma_{x_1}-k_f\frac{A}{A-1}\right)\left(\frac{h}{h_1}\right)^{A-1}+k_f\frac{A}{A-1}$ A wie 2.1 mit Klammer-Vorzeichen	σ_x-k_f	$p=\frac{\sigma_z}{MA}$ $p'=\frac{\sigma_z}{MB}$	$F_l=l\left[\frac{1}{TA}\left(\frac{\sigma_{x_0}}{A}-\frac{k_f}{A-1}\right)\left(h_1\left(\frac{h_1}{h_0}\right)^{A-1}-h_0\right)+\frac{k_f}{A-1}\cdot b\right]$ $=-l\left[\frac{1}{TA}\left(\frac{\sigma_{x_1}}{A}-\frac{k_f}{A-1}\right)\left(h_0\left(\frac{h_0}{h_1}\right)^{A-1}-h_1\right)+\frac{k_f}{A-1}\cdot b\right]$
z 0 1 x, r	3.2 Reibung allgem.	$B\cdot\ln\frac{h}{h_0}+\sigma_{x_0}$ $=B\cdot\ln\frac{h}{h_1}+\sigma_{x_1}$ $B=\frac{1}{TA}\left(KA\tan\alpha+KB\tan\beta-2\mu k_f\right)-k_f$ KA,KB wie 2.2 mit Klammer-Vorz.	σ_x-k_f	$p=\sigma_z+KA$ $p'=\sigma_z+KB$	$F_l=l\left[B\left(\frac{h_1}{TA}\cdot\ln\frac{h_1}{h_0}-b\right)+b\,(\sigma_{x_0}-k_f)\right]$ $=-l\left[B\left(\frac{h_0}{TA}\cdot\ln\frac{h_0}{h_1}+b\right)-b\,(\sigma_{x_1}-k_f)\right]$ $F_{rot}=\frac{\pi}{TA^2}\left[B\left(h_1^2\cdot\ln\frac{h_1}{h_0}+2KC\,(h_0\cdot\ln h_0-h_1\cdot\ln h_1+h_1-h_0)\right)+\left(\sigma_{x_0}-k_f-\frac{B}{2}\right)(h_1^2-h_0^2)\right]$
	3.3 Haftreib.	wie unter 3.2 mit $\mu=0{,}5$			
	3.4 keine	$\sigma_{x_0}-k_f\cdot\ln\frac{h}{h_0}$ $=\sigma_{x_1}-k_f\cdot\ln\frac{h}{h_1}$	σ_x-k_f	$p=p'=\sigma_z$	$F_l=l\left(-k_f\frac{h_1}{TA}\cdot\ln\frac{h_1}{h_0}+\sigma_{x_0}\,b\right)$ $=-l\left(-k_f\frac{h_0}{TA}\cdot\ln\frac{h_0}{h_1}-\sigma_{x_1}\cdot b\right)$

Anhang B: Stoffflußuntersuchungen

Al 99,5

AlMgSi 0,5

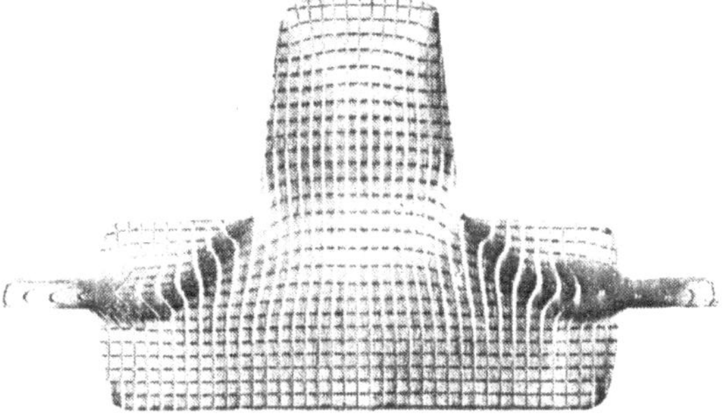

Ck 15

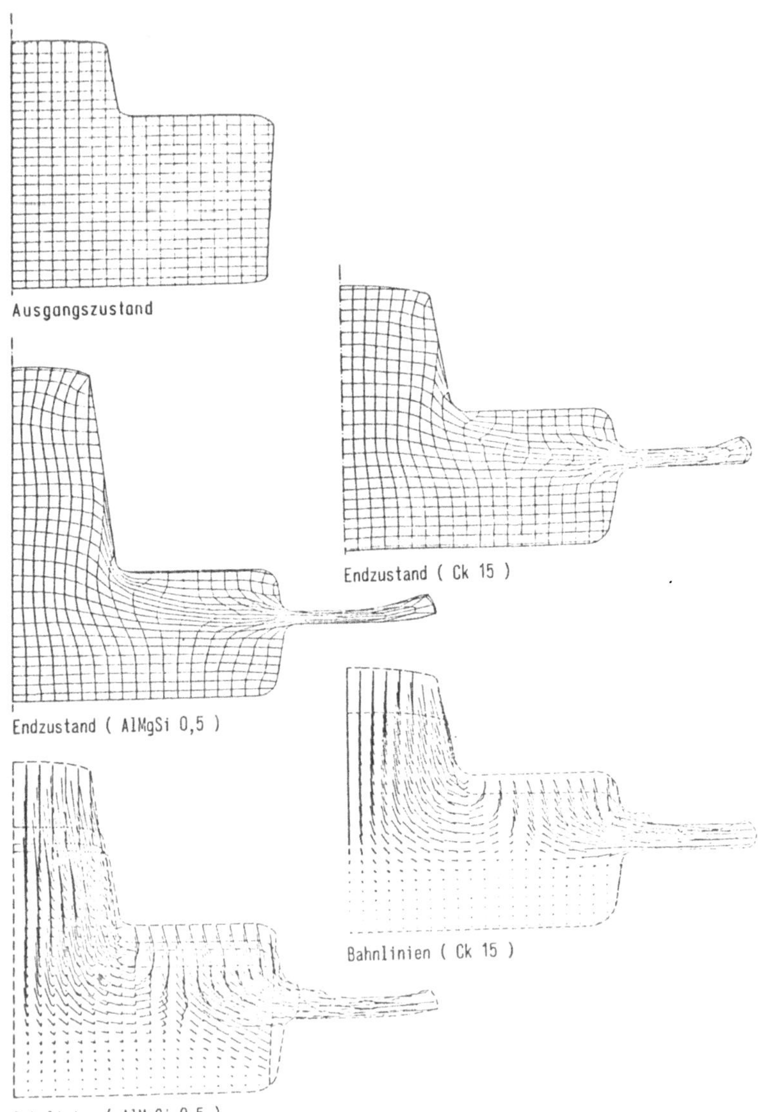
Ausgangszustand
Endzustand (Ck 15)
Endzustand (AlMgSi 0,5)
Bahnlinien (Ck 15)
Bahnlinien (AlMgSi 0,5)

Anhang C: Verfahren der oberen Schranke
Formelsammlung

Die Umformzone wird entsprechend Bild 51 in drei Bereiche aufgeteilt.

$$r_G = \frac{d_G}{2}$$

$$\frac{h}{s} \approx 0{,}8 \cdot \left(\frac{r_G}{s}\right)^{0{,}92}$$

$$\tan\alpha = \sqrt{1 - \frac{\frac{h}{s} - 1}{\frac{h}{s} \cdot \ln\frac{h}{s}}} = \frac{\frac{1}{2} \cdot (h - s)}{r_G - r_I}$$

$$z_r = h - 2 \cdot (r - r_I) \cdot \tan\alpha$$

$$r_I = \frac{d_I}{2} = r_G - \frac{h - s}{2 \cdot \tan\alpha}$$

Bereich I

$$v_{rI} = \frac{r}{h} \cdot v_W \cdot \left[\frac{1}{2} + K \cdot \left(\frac{3 \cdot z^2}{h^2} - \frac{1}{4}\right)\right]$$

$$v_{zI} = -\frac{2 \cdot z}{h} \cdot v_W \cdot \left[\frac{1}{2} + K \cdot \left(\frac{z^2}{h^2} - \frac{1}{4}\right)\right]$$

$$F_{UI} = \frac{4 \cdot \pi \cdot k_f}{\sqrt{3}} \cdot \int_0^{r_I} \left[\int_{-\frac{h}{2}}^{\frac{h}{2}} \sqrt{\frac{3}{h^2} \cdot \left[\frac{1}{2} + K \cdot \left(\frac{3 \cdot z^2}{h^2} - \frac{1}{4}\right)\right]^2 + 9 \cdot \left(\frac{r \cdot z \cdot K}{h^3}\right)^2} \cdot r \, dz \right] dr$$

as zweifache Integral ist nicht geschlossen lösbar. Es wurde aher nach der Simpsonschen Regel numerisch gelöst.

$$F_{SI} = \frac{P_{SI}}{v_W} = \frac{\pi \cdot k_f}{12 \cdot \sqrt{3} \cdot h} \cdot (1 + K) \cdot d_I^3$$

Bereich II

$$v_{rII} = \frac{r}{z_r} \cdot v_W \cdot \left[\frac{1}{2} + K \cdot \left(\frac{3 \cdot z^2}{z_r^2} - \frac{1}{4}\right)\right]$$

$$v_{zII} = -\frac{2 \cdot z}{z_r} \cdot v_W \cdot \left[\frac{1}{2} + K \cdot \left(\frac{z^2}{z_r^2} - \frac{1}{4}\right)\right]$$

$$F_{UII} = \frac{4 \cdot \pi \cdot k_f}{\sqrt{3}} \cdot \int_{r_I}^{r_G} \left[\int_{-\frac{z_r}{2}}^{\frac{z_r}{2}} \sqrt{\frac{3}{z_r^2} \cdot \left[\frac{1}{2} + K \cdot \left(\frac{3 \cdot z^2}{z_r^2} - \frac{1}{4}\right)\right]^2 + 9 \cdot \left(\frac{r \cdot z \cdot K}{z_r^3}\right)^2} \cdot r \, dz \right] dr$$

$$F_{SII} = \frac{P_{SII}}{v_W} = \frac{2 \cdot \pi \cdot k_f}{\sqrt{3}} \cdot \frac{1 + K}{\cos^2 \alpha} \cdot Q$$

$$Q = \frac{1}{8 \cdot \tan^3 \alpha} \cdot \left[\frac{1}{2} \cdot (h^2 - s^2) - 2 \cdot (h + 2 \cdot R_I \cdot \tan \alpha) \cdot (h - s) + (h + 2 \cdot R_I \cdot \tan \alpha)^2 \cdot \ln \frac{h}{s}\right]$$

Bereich III

$$v_{rIII} = \frac{r}{s} \cdot v_W \cdot \left[\frac{1}{2} + K \cdot \left(\frac{3 \cdot z^2}{s^2} - \frac{1}{4}\right)\right]$$

$$v_{zIII} = -\frac{2 \cdot z}{s} \cdot v_W \cdot \left[\frac{1}{2} + K \cdot \left(\frac{z^2}{s^2} - \frac{1}{4}\right)\right]$$

$$F_{UIII} = \frac{4 \cdot \pi \cdot k_f}{\sqrt{3}} \int_{r_G}^{r_a} \left[\int_{-\frac{s}{2}}^{\frac{s}{2}} \sqrt{\frac{3}{s^2} \cdot \left[\frac{1}{2} + K \cdot \left(\frac{3 \cdot z^2}{s^2} - \frac{1}{4}\right)\right]^2 + 9 \cdot \left(\frac{r \cdot z \cdot K}{s^3}\right)^2} \cdot r \, dz \right] dr$$

$$F_R = \frac{P_R}{v_W} = \frac{\mu \cdot \pi \cdot k_f}{12 \cdot s} \cdot (1 + K) \cdot (d_a^3 - d_G^3)$$

Die gesamte Umformkraft ergibt sich aus der Summe aller Teilkräfte :

$$F = F_U + F_R + F_S$$

Anhang D: Gefügeaufnahmen

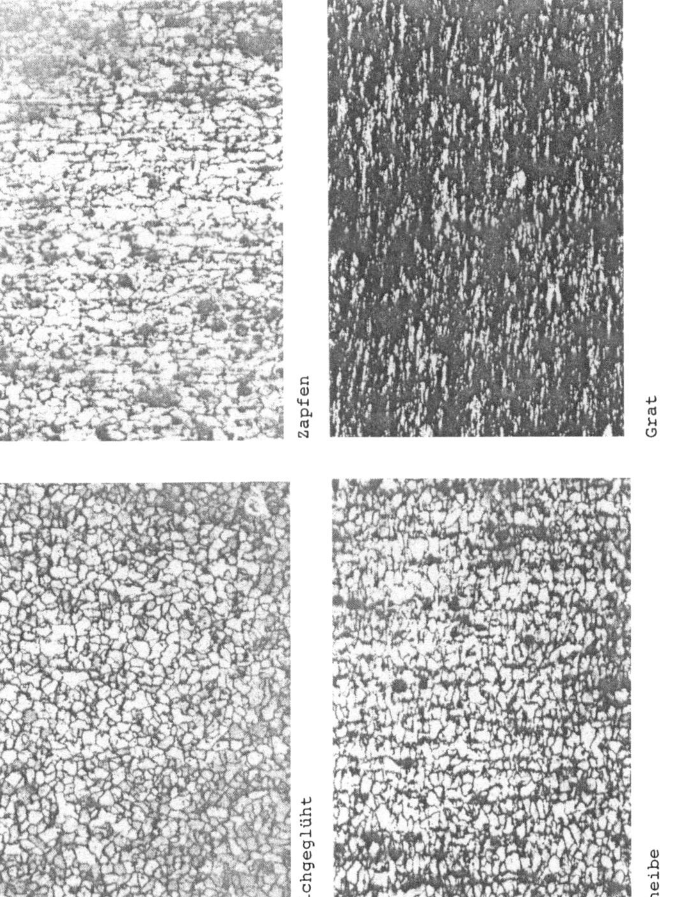

Ck 15 , 125-fache Vergrößerung

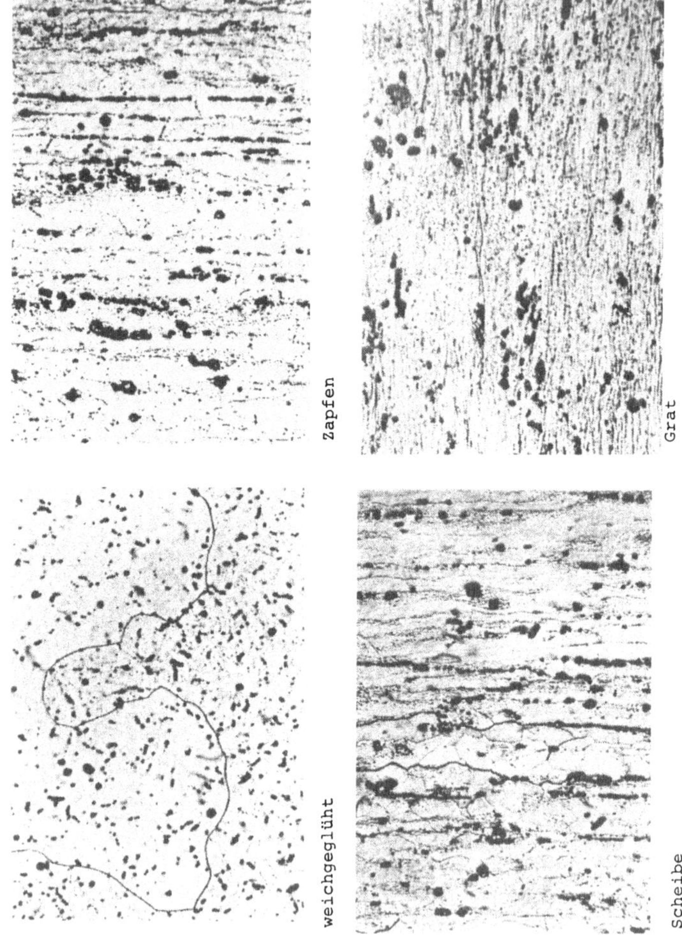

Al 99,5 , 625-fache Vergrößerung

Schrifttum

[1] Klein, Th.: Fertigung kleiner und mittlerer Stückzahlen durch Kaltmassivumformung auf Kniehebelpressen. Vortrag auf dem Seminar: Neuere Entwicklungen in der Massivumformung, Stuttgart 1979.

[2] Geiger, R.: Der Stufffluß beim kombinierten Napffließpressen. Bericht aus dem Institut für Umformtechnik Nr. 36, Essen: Girardet 1976.

[3] Lange, K.: Neuere Möglichkeiten der Werkstückherstellung durch Massivumformen. Ind.-Anz. 98 (1976) 102, S. 1817 - 1824.

[4] Binder, H.: Untersuchungen über das Verjüngen von zylindrischen Vollkörpern. Diss. Universität Stuttgart 1980.

[5] Stöter, H.-J.: Untersuchung des Schmiedevorganges in Hammer und Presse, insbesondere hinsichtlich des Steigens. Forschungsbericht des Landes Nordrhein-Westfalen Nr. 848. Köln/Opladen: Westdeutscher Verlag 1960.

[6] Bühler, H.; Vieregge, K.: Ein Beitrag zur Gestaltung des Gratspalts beim Gesenkschmieden. Forschungsbericht des Landes Nordrhein-Westfalen Nr. 2111. Köln/Opladen: Westdeutscher Verlag 1970.

[7] Bühler, H.; Johne, P.: Schmieden in Gesenken ohne Schräge. Forschungsbericht des Landes Nordrhein-Westfalen Nr. 2032. Köln/Opladen: Westdeutscher Verlag 1969.

[8] Voelkner, W.: Einige Belange der Forschung und Lehre auf dem Gebiet der Umformtechnik. Diss. TU Dresden 1973.

[9] Altan, T., u.a.: A study of mechanics of closed-die forging. Final report to AMMRC on Contract No. DAAG 46-48-c-0111, Battelle Memorial Institute, August 1970.

[10] Geck-Müller, Th.: Umformkraft und Umformarbeit beim Gesenkschmieden in Hämmern und Pressen. AIF-Schlußbericht Nr. 1811. Forschungsstelle Gesenkschmieden a.d. Techn. Universität Hannover.

[11] Lange, K.; Meyer-Nolkemper, H.: Gesenkschmieden. Berlin, Heidelberg, New.York: Springer 1977.

[12] Joost, H. G.; Aßmann, R.: Schrägen und Abrundungshalbmesser von Gesenkschmiedeteilen aus Stahl. Ind.Anz.98 (1976) 7, S. 121 - 123.

[13] Schlomach, E.: Verhalten und Wirkungsweise von Schmierstoffen beim Gesenkschmieden von Stahl. Diss. TH Hannover 1973.

[14] Ernst, H.: Der Steigvorgang beim Warmpressen im Gesenk. Diss. TH Aachen 1947.

[15] Lange, K.: The influence of the dimensions of the flash gap on the compression stresses in the gap and the die cavity and the filling of the die in die forging. metal treatment and drop forging (1962) 9, S. 373 - 380.

[16] Neuberger, F.; Möckel, L.: Richtwerte zur Ermittlung der Gratdicke und des Gratbahnverhältnisses beim Gesenkschmieden von Stahl. Werkstattstechnik 51 (1961) 12, S. 725 bis 727.

[17] Akaro, I. L.: Bestimmen der Abmessungen des Gratspaltes und des Metallabfalles beim Gesenkschmieden auf Warmgesenkkurbelpressen, Kuzn.-štamp. proizv. (1976) 10, S. 13 - 22.

[18] Wolf. H.: Zusammenhang zwischen Gratbahnverhältnis, Gratdicke und Endmasse beim Gesenkschmieden. Fertigungstechnik und Betrieb 13 (1963) 3, S. 168 - 170.

[19] Teterin, Cr. P.: Berechnung des Grats bei der Umformung von Schmiedestücken des Typs Drehkörper unter Hämmern. Kuzn.-štamp.proizv. (1968)5.

[20] Teterin, G. P. u.a.: Statistische Analyse des Gratanteils beim Gesenkschmieden auf Hämmern und Warmgesenkkurbelpressen. Kuzn.-stamp. proizv. (1978) 3, S. 45 - 52.

[21] Teterin, Cr. P.,u.a.: Kompliziertheitskriterium der Schmiedestücke. Kuzn.-stamp. proizv. (1966) 7, S. 5 - 16.

[22] Bruchanow, A. N.; Rebelski, A. W.: Gesenkschmieden und Warmpressen. Berlin: Verlag Technik 1955.

[23] Voigtländer, O.: Zuschrift zu H. J. Stöter. Werkstattstechnik 51 (1961), S. 725 - 727.

[24] Siebel, E.: Die Formgebung im bildsamen Zustand. Verlag Stahleisen, Düsseldorf 1932.

[25] Siebel, E.: Stand der wissenschaftlichen Erkenntnisse bei der Warmformgebung und dem Schmieden. Stahl u. Eisen 76 (1956), S. 393 - 397.

[26] Hostert, B.: Aluminiumwerkstoffe-Einfluß der Zusammensetzung und des Gefüges auf die Kaltumformbarkeit. Vortrag auf der 6.Int.Tagung Kaltumformung, Düsseldorf 1980.

[27] Maier, J., Jagode, K.: Eigenschaften kaltumformbarer Aluminiumlegierungen. Vortrag auf dem Seminar "Neuere Entwicklungen in der Massivumformung", Stuttgart 1979.

[28] Herbertz, R., u.a.: Zum Einfluß der absoluten Probengröße bei der Ermittlung von Fließkurven in Zylinderstauchversuchen. Draht 32 (1981) 9, S. 493 - 495.

[29] Turno, A.: Die Bestimmung der Verfestigungskurven an Probekörpern mit Ausdrehungen auf den Stirnflächen. Obrobka Plastyczna 11 (1972) 3, S. 123 - 127 (Deutsche Übersetzung: RWTH Aachen, Institut für bildsame Formgebung).

[30] Abschlußbericht zum Forschungsvorhaben "Verwendung neuartiger Versuchsproben zur Bestimmung von Fließkurven im Stauchversuch". DFG-Az.: La 155/89, Institut für Umformtechnik der Universität Stuttgart.

[31] Schlosser, D.: Werkzeugwerkstoffe zum Umformen von nichtrostendem austenitischem Stahlbelch. Bänder Bleche Rohre 17 (1976) S. 97 - 102.

[32] Nittel, J.: Neues Verfahren zur Schmierstoffprüfung in der Umformtechnik durch Reibwertmessung. Fertigungstechnik und Betrieb 18 (1968), S.301 - 304.

[33] Male, A. T.; Cockcroft, M. G.: A method for the determination of the coefficient of friction under conditions of bulk plastic deformation. J. Inst. Metals 93 (1964), S. 38 - 46.

[34] Burgdorf, M.: Über die Ermittlung des Reibwertes für Verfahren der Massivumformung durch den Ringstauchversuch. Ind.-Anz. 89 (1967) 39, S. 15 - 20.

[35] Geiger, R., Stefanakis, J.: Ringstauchen und Napf-Rückwärts-Fließpressen als Verfahren zur Prüfung von Schmierstoffen für das Massivumformen. Ind.-Anz. 96 (1974) 100, S. 2245-2246.

[36] Avitzur, B.; Sauerwine, F.: Limit analyses of hollow disk forging, Part 1 and 2. Trans of the ASME 100 (1978) 8, S. 340 - 355.

[37] Dellavia, A., u.a.: Stress-strain-curves and friction evaluation from the ring test. Metallurgia and metal forming (1977) 10, S. 442 - 446.

[38] Adler, G.; Walter, K.: Berechnung von einfachen und mehrfachen Preßpassungen. Ind.-Anz. 89 (1967)17. S.967-971.

[39] Siebel, E.; Lueg, W.: Untersuchungen über die Spannungsverteilung im Walzspalt. Mitt. K. Wilh.-Inst. Eisenforschung 15 (1933), S. 1 - 14.

[40] Smith, C. L.; Scott, F. H.; Sylvestrovicz, U. W.: Pressure Distribution between Stock and Rolls in Hot and Cold Flat Rolling. J. Iron Steel Inst. 170 (1952), S. 347 - 359.

[41] Parish, G. J.: Measurement of the Pressure Distribution between Rollers in Contact Brit. J. Appl. Phys. 6 (1955) Nr.7, S. 256 - 261.

[42] Levanow, A. N.: Methode zur Untersuchung der Walzenpressung mit Hilfe von Universalstiften beim Umformen. Kuzn.-štamp. proizv. (1966) Nr.6.

[43] Ochrimenko, S. M. und Kopiskij, B. D.: Zur Frage der Messung der Normalspannungen bei der plastischen Verformung, Izvestija VVZ Cernaja Met.4 (1961), S. 120-128.

[44] Ochrimenko, S. M. und Kopiskij, B. D.: Verfahren zum Studium der Druckverteilung des plastischen Materials auf der Kontaktoberfläche des Werkzeuges, Izvestija VUZ Cernaja Met.4 (1961) Nr.3, S. 45 - 53.

[45] Heller, W.; u.a.: Zur Frage der experimentellen Ermittlung von Spannungsverteilungen bei der bildsamen Formgebung, Bänder Bleche Rohre 12 (1971)12, S. 544 - 559.

[46] Dohmann, F.: Die Messung der mechanischen Kontaktspannungen in der Wirkfuge Werkzeug-Werkstück bei Umformverfahren. Bericht aus dem Institut für Umformtechnik Nr. 27, Essen: Girardet 1974.

[47] Van Rooyen, G. T. und Backofen, W. A.: A study of interface friction in plastic compression. Int. J. Mech. Sci. 1 (1960) Nr. 1, S. 1 - 27.

[48] v. Laar, K.; Löwen, J.: Druckmessung im Arbeitsraum von Kaltfließpreßmatrizen. Ind.-Anz. 99 (1977) 91, S.1826 - 1828.

[49] Matsubara, S.; Kudo, H.: Determination of pressure distribution over tool surface in cold forging with a simple senser. Annals of the CIRP. Vol. 25/1/1977, S. 95 - 100.

[50] Wilhelm, H.: Untersuchungen über den Zusammenhang zwischen Vickerhärte und Vergleichsformänderung bei Kaltumformvorgängen. Bericht aus dem Institut für Umformtechnik Nr. 9. Essen: Girardet 1969.

[51] Pysz, G.; Krumnacker, M.: Beitrag zum Zusammenhang zwischen Korngröße, Zugfestigkeit, Härte und Verfestigungsexponent. Neue Hütte, 25 (1980) 7, S. 256 - 258.

[52] Diether, U.: Fließpressen von Stahl im Temperaturbereich 773 K (500 °C) bis 1073 K (800 °C). Bericht aus dem Institut für Umformtechnik Nr. 54. Berlin, Heidelber, New York: Springer 1980.

[53] Doege, E.; Kowallick, G.: Formpressen von Stahl im Bereich mittlerer Umformtemperaturen - "Halbwarmschmieden". Abschlußbericht zum Forschungsvorhaben Nr. 3472. Forschungsstelle Gesenkschmieden, Hannover 1979.

[54] Lahoti, G. D. u. a.: Computer-aided prediction of metal flow, temperatures and forming load in selected forming processes. Proceedings AMD, Vol. 28, ASME 1978.

[55] Siebel, E.: Kräfte und Materialfluß bei der bildsamen Formänderung. Stahl und Eisen 45 (1925), S. 1563 - 1566.

[56] Karman, Th. v.: Beitrag zur Theorie des Walzvorgangs. Z. angew. Math. Mech. 5 (1925), S. 139 - 141.

[57] Siebel, E.; Pomp, A.: Zur Weiterentwicklung des Druckversuchs. Mitt. K.-Wilh.-Inst. f. Eisenforschung 10 (1928), S. 55 - 62.

[58] Lippmann, H.: Die elementare Plastizitätstheorie der Umformtechnik. Bänder Bleche Rohre (1962) 8, S. 374 bis 383.

[59] Lippmann, H.; Mahrenholtz, O.: Plastomechanik der Umformung metallischer Werkstoffe, Bd. 1. Berlin, Heidelberg, New York: Springer 1967.

[60] Thomsen, E.; Yang, C.; Kobayashi, S.: Mechanics of plastic deformation in metal processing. New York, London: The Macmillan company 1965.

[61] Zünkler, B.: Ermittlung der beim Gesenkschmieden stabförmiger Teile auftretenden Spannungen und Kräfte. Ind.-Anz. 87 (1965) 31, S. 67 bis 74.

[62] Steck, E.: Kraftberechnung bei Umformverfahren mit Hilfe der "oberen Schranke". Werkstattstechnik 57 (1967) 6, S. 273 bis 279.

[63] Steck, E.; Schmid, K.: Die Anwendung des Prinzips der kleinsten Umformleistung auf Stauch- und Schmiedevorgänge. Ind.-Anz. 87 (1965) 74, S. 1751 bis 1755.

[64] Storozhev, M. V. u. a.: Defining the centre of deformation and determining forces in pressworking. Russ. Eng. J. 39 (1959) 4, S. 49 bis 54.

[65] Burgdorf, M.: Untersuchungen über das Stauchen und Zapfenpressen. Bericht aus dem Institut für Umformtechnik, Nr. 5. Stuttgart: Girardet 1966.

[66] Zienkiewicz, O. C.: The finite element method in engineering science. 3rd edition, McGraw-Hill, New York, 1977.

[67] ASKA-User's reference manual, ISD-Report No. 73. Stuttgart 1971.

[68] Roll, K.: Calculation of metal forming processes by Finite element method. Appl. of Num. Meth. to Form. Proc. AMD Vol. 28, 1978, S. 67 bis 81.

[69] Roll, K.: Stand moderner numerischer Lösungsverfahren für die Berechnung der Verfahrensgrößen beim Kaltmassivumformen. Vortrag auf dem Seminar: Neuere Entwicklungen in der Massivumformung, Stuttgart 1981.

[70] Hoang-Vu, Kh.: Experimentelle Ermittlung der Grundlagen für das Kaltgesenkschmieden von Stahl. Abschlußbericht zum Forschungsvorhaben. Institut für Umformtechnik der Universität Stuttgart.

[71] Lange, K.; Hoang-Vu, Kh.: Kaltgesenkschmieden eine fertigungstechnische Alternative für kleine, genaue Formteile. wt. Z. ind. Fertig. 70 (1980) S. 596 bis 574.

[72] Lange, K.; Hoang-Vu, Kh.: Möglichkeiten und Grenzen des Kaltgesenkschmiedens. Vortrag auf dem Seminar: Neuere Entwicklungen in der Massivumformung, Stuttgart 1981.

[73] Hoang-Vu, Kh., Lange, K.: Possibilities of Applications and Limitations of Closed-Die-Forging of Steel and Aluminum Alloys at Room Temperature. Paper will be presented at the 10. North American Manufacturing Research Conference in Hamilton, Canada in May 1982.

[74] Gavrilin, V. D. u. a.: Vorherbestimmen der Maßgenauigkeit und Standmenge von Gesenken beim spanlosen Umformen. Kuzn.-stamp. proizv. (1980) 6, S. 19 bis 26.

[75] Heinemeyer, D.; König, J.: Praxisorientierte Typologie für Gesenkschäden. Ind. Anz. 98 (1976) 77, S. 1369 bis 1373.

[76] Mareczek, G. u. a.: Thermische und mechanische Beanspruchung von Gesenken. wt-Z. ind. Fertig. 67 (1977) 11, S. 661 bis 666.

[77] Melching, R.: Untersuchungen über Verschleiß, Reibung und Schmierung beim Gesenkschmieden. Schmiertechn. und Tribologie 27 (1980) 3, S. 79 - 85.

[78] Sato, Y.: TD Process Applications to Dies for Press Forming. Translation of a report in Vol. 20, No. 5 issue of "Machinist (Japanese technical magagine)".

[79] N. N.: TD Process Applications to Cold Working Dies. Toyota Central Research + Development Labs., Inc. Nagoya, Japan. Avril 1976, February 1980.

[80] Hirschvogel, M.: Kombinierte Warm-Kalt-Massivumformung zur Herstellung von Genauteilen. Werkstatt u. Betrieb 110 (1977) 10, S. 679 bis 682.

[81] Maier, W.: Kaltfließpressen von warmgepreßten Rohteilen. wt-Z. ind. Fertig. 72 (1982) 1, S. 1 bis 4.

Berichte aus dem Institut für Umformtechnik der Universität Stuttgart

Herausgeber Professor Dr.-Ing. Kurt Lange

1 **Untersuchung über den Einfluß der Belastungszeit auf die Streuung der Rückfederung von Biegeteilen**
Von Dipl.-Ing. Klaus Tafel. 70 Seiten Text u. 64 Seiten mit 49 Bildern u 15 Tafeln. Vergriffen

2/3 **Untersuchungen über das freie Napfen**
Von Dipl.-Ing. Gerhard Schmitt und Dipl.-Ing. Dieter Schmoeckel.
Untersuchungen über den Kraft- und Arbeitsbedarf sowie den Umformwirkungsgrad beim Vorwärts-Vollfließpressen von Stahl
Von Dipl.-Ing. Dieter Kast. 40 Seiten Text u. 43 Seiten mit 47 Bildern u. 5 Tafeln. 28,— DM

4 **Untersuchungen über die Werkzeuggestaltung beim Vorwärts-Hohlfließpressen von Stahl und Nichteisenmetallen**
Von Dipl.-Ing. Dieter Schmoeckel. 72 Seiten Text u 117 Seiten mit 179 Bildern. 39,— DM

5 **Untersuchungen über das Stauchen und Zapfenpressen**
Von Dipl.-Ing. Mårten Burgdorf. 126 Seiten Text u 58 Seiten mit 138 Bildern u. 4 Tafeln. 55,— DM

6 **Untersuchungen über die Streuung der Kräfte und Arbeiten beim Fließpressen in der laufenden Fertigung und den Einfluß der Phosphatschichtdicke und des Schmiermittels**
Von Dipl.-Ing. Hans-Dietrich Witte. 38 Seiten Text u. 48 Seiten mit 49 Bildern. 30,— DM

7 **Untersuchungen über das Rückwärts-Napffließpressen von Stahl bei Raumtemperatur**
Von Dipl.-Ing. Gerhard Schmitt 132 Seiten Text u. 93 Seiten mit 130 Bildern u. 5 Tafeln. 34,— DM

8 **Die Abbildegenauigkeit beim Biegen im 90°-V-Gesenk und ihre Beeinflussung durch Nachdrücken im Gesenk durch Nachdrücken im Gesenk**
Von Dipl.-Ing. Eckart Dannenmann. 50 Seiten Text u 31 Seiten mit 28 Bildern u. 1 Tafel. Vergriffen

9 **Untersuchungen über den Zusammenhang zwischen Vickershärte und Vergleichsformänderung bei Kaltumformvorgängen**
Von Dipl.-Ing. Hans Wilhelm. 50 Seiten Text u 35 Seiten mit 37 Bildern u. 2 Tafeln. Vergriffen

10 **Untersuchungen über das Abstreckziehen von zylindrischen Hohlkörpern bei Raumtemperatur**
Von Dipl.-Ing. Rolf K. Busch. 86 Seiten Text u. 92 Seiten mit 97 Bildern. Vergriffen

11 **Vorgänge beim elektromagnetischen und elektrohydraulischen Umformen von metallischen Werkstücken**
Von Dipl.-Ing. Herbert Müller. 90 Seiten Text u. 110 Seiten mit 93 Bildern u. 10 Tafeln. 22,— DM

12 **Ein Verfahren zur näherungsweisen Berechnung des Spannungs- und Formänderungszustandes beim Fließen starrplastischer Werkstoffe**
Von Dipl.-Ing. Gerhard Adler. 124 Seiten Text u. 76 Seiten mit 72 Bildern. Vergriffen

13 **Modellgesetzmäßigkeiten beim Rückwärtsfließpressen geometrisch ähnlicher Näpfe**
Von Dipl.-Ing. Dieter Kast. 101 Seiten Text u. 73 Seiten mit 60 Bildern u 6 Tafeln. Vergriffen

14 **Untersuchungen über das Genauschneiden von Stahl und Nichteisenmetallen**
Von Dipl.-Ing. Wilfried Kramer. 96 Seiten Text u. 132 Seiten mit 128 Bildern u 10 Tafeln. Vergriffen

15 **Entwicklung und Erprobung eines Simulators zur reproduzierbaren Nachahmung der Kraft-Weg-Verläufe von Umformvorgängen**
Von Dipl.-Ing. Kurt Schmid 88 Seiten Text u 38 Seiten mit 35 Bildern u 2 Tafeln 17,— DM

16 **Walzrichten von Metallbändern mit symmetrisch angestellter Fünf-Walzen-Richtmaschine**
Von Dipl.-Ing. Hans-Dietrich Witte 108 Seiten Text u. 63 Seiten mit 60 Bildern u 8 Tafeln. 22,— DM

17/18 **Erzeugung räumlicher Blechgebilde mittels Flächenbiegung**
Konstruktion, Abwicklung und Herstellung von Schraubtorsen aus Blech
Von Prof. Dr.-Ing. E. h. Dr. techn. h. c. Otto Kienzle.
120 Seiten Text u. 55 Seiten mit 86 Bildern u. 3 Tafeln. 22,— DM

19 **Einfluß der Alterung auf die mechanischen Eigenschaften von Stählen zum Kaltfließpressen**
Von Dipl.-Ing. Vladimir Hasek, CSc 43 Seiten Text u. 54 Seiten mit 50 Bildern u 3 Tafeln 16,— DM

20 **Beitrag zur Frage der Spannungen, Formänderungen und Temperaturen beim axialsymmetrischen Strangpressen**
Von Dipl.-Ing. Rolf Dalheimer 118 Seiten Text u. 76 Seiten mit 79 Bildern u. 3 Tafeln Vergriffen

21 **Über den Einfluß der Werkzeuggeschwindigkeit auf den Stauchvorgang**
Von Dipl -Ing H -J. Metzler. 127 Seiten Text u 100 Seiten mit 94 Bildern u. 6 Tafeln 25,— DM

22 **Numerische Behandlung von Verfahren der Umformtechnik**
Von Dr.-Ing. Elmar Steck. 67 Seiten Text u. 22 Seiten mit 43 Bildern. 16,— DM

23 **Ein Verfahren zur näherungsweisen Berechnung der Wärmeentwicklung und der Temperaturverteilung beim Kaltstauchen von Metallen**
Von Dipl -Ing Walther Pohl. 78 Seiten Text u 51 Seiten mit 61 Bildern u 4 Tafeln. 21,— DM

24 **Untersuchungen über das Drückwalzen zylindrischer Hohlkörper und Beitrag zur Berechnung der gedrückten Fläche und der Kräfte**
Von Dipl -Ing Hans-Jürgen Dreikandt 161 Seiten Text u 79 Seiten mit 73 Bildern u. 6 Tafeln Vergriffen

25 **Über den Formänderungs- und Spannungszustand beim Ziehen von großen unregelmäßigen Blechteilen**
Von Dipl -Ing. Vladimir Hasek, CSc 129 Seiten Text u 106 Seiten mit 109 Bildern u. 9 Tafeln. 35,— DM

26 **Über die Anisotropie des plastischen Verhaltens stranggepreßter Stäbe aus hexagonalen Metallen**
Von Dipl -Ing Gunther Schroder 129 Seiten Text u 75 Seiten mit 97 Bildern u 2 Tafeln. Vergriffen

27 **Die Messung der mechanischen Kontaktspannung in der Wirkfuge Werkzeug — Werkstück bei Umformverfahren**
Von Dipl.-Ing Fritz Dohmann 99 Seiten Text u 82 Seiten mit 93 Bildern u 4 Tafeln Vergriffen

28 **Beitrag zur rechnerunterstützten Auslegung von Pressengestellen**
Von Dipl -Ing. Manfred Geiger 94 Seiten u. 56 Seiten mit 63 Bildern Vergriffen

29 **Untersuchungen über das Aufweittiefziehen**
Von P. S. Raghupathi, M. E. ISBN 3-7736-0780-6
80 Seiten Text u. 54 Seiten mit 73 Bildern u. 2 Tafeln 32,– DM

30 **Faltenbildung als Verfahrensgrenze beim Stauchen von Hohlkörpern**
Von Dipl.-Ing. Klaus Dieterle ISBN 3-7736-0781-4
55 Seiten Text u. 35 Seiten mit 43 Bildern u. 3 Tafeln 28,– DM

31 **Beitrag zur Ermittlung von Fließkurven im kontinuierlichen hydraulischen Tiefungsversuch**
Von Dipl.-Ing. Franc Gologranc ISBN 3-7736-0785-7
125 Seiten Text u. 58 Seiten mit 95 Bildern u. 6 Tafeln Vergriffen

32 **Untersuchungen an Strangpreßmatrizen**
Von Dipl.-Ing. Klaus Gieselberg ISBN 3-7736-0786-5
101 Seiten Text u. 56 Seiten mit 69 Bildern 45,– DM

33 **Beitrag zur Messung der Strangoberflächentemperatur beim Strangpressen**
Von Dipl.-Ing. Karl-Heinz Friedrich ISBN 3-7736-0787-3
83 Seiten Text u. 90 Seiten mit 84 Bildern u. 3 Tafeln 48,– DM

34 **Über das Umformverhalten von Blechen aus Titan und Titanlegierungen**
Von Dipl.-Ing. Hans Wilhelm ISBN 3-7736-0788-1
107 Seiten Text u. 69 Seiten mit 76 Bildern u. 13 Tafeln 48,– DM

35 **Untersuchung der magnetischen Induktion, Stromdichte und Kraftwirkung bei der Magnetumformung**
Von Dipl.-Ing. Volker Schmidt ISBN 3-7736-0789-X
60 Seiten Text u. 53 Seiten mit 84 Bildern 21,– DM

36 **Der Stofffluß beim kombinierten Napffließpressen**
Von Dipl.-Ing. Rolf Geiger ISBN 3-7736-0790-3
111 Seiten Text u. 74 Seiten mit 80 Bildern u. 6 Tafeln Vergriffen

37 **Beitrag zum Verhalten superplastischer Werkstoffe beim Massivumformen**
Von Dipl.-Ing. Hans Schelosky ISBN 3-7736-0791-1
123 Seiten Text u. 61 Seiten mit 60 Bildern u. 4 Tafeln 48,– DM

38 **Energieumsatz beim elektrohydraulischen Umformen**
Von Dipl.-Ing. Hans-Joachim Weckerle ISBN 3-7736-0792-X
103 Seiten Text u. 46 Seiten mit 56 Bildern 45,– DM

39 **Elastische Wechselwirkungen an Gestell und Hauptgetriebe weggebundener Pressen**
Von Dipl.-Ing. Lutz Schemperg ISBN 3-7736-0793-8
91 Seiten Text u. 58 Seiten mit 65 Bildern u. 3 Tafeln 45,– DM

40 **Über das plastische Verhalten von Sintermetallen bei Raumtemperatur**
Von Dipl.-Ing. Hartmut Honeß ISBN 3-7736-0794-6
84 Seiten Text u. 54 Seiten mit 67 Bildern u. 2 Tafeln 45,– DM

41 **Untersuchungen zum Halbwarmfließpressen von Stahl**
Von Dr.-Ing. Rolf Geiger, Dipl.-Ing. Eckart Dannenmann und Dipl.-Ing. Jean Stefanakis
ISBN 37736-0795-4 50 Seiten Text u. 33 Seiten mit 34 Bildern u. 2 Tafeln Vergriffen

42 **Änderung der Werkstoffeigenschaften beim Ziehen von zylindrischen Hohlkörpern aus austenitischen und ferritischen nichtrostenden Stählen**
Von Dipl.-Ing. Rolf Zeller ISBN 3-7736-0796-2
80 Seiten Text u. 52 Seiten mit 34 Bildern u. 2 Tafeln 38,– DM

43 **Untersuchungen über das Fließpressen superplastischer Werkstoffe**
Von Dr.-Ing. Hans Schelosky ISBN 3-7736-0797-0
36 Seiten Text u. 24 Seiten mit 26 Bildern u. 1 Tafel 30,– DM

44 **Umformende Bearbeitung in flexiblen Fertigungssystemen**
Von Dipl.-Ing. Hartmut Kaiser ISBN 3-7736-0798-9
87 Seiten Text u. 24 Seiten mit 47 Bildern 36,– DM

45 **Geometrische Eigenschaften tiefgezogener kreiszylindrischer Näpfe**
Von Dipl.-Ing. Dieter Schlosser ISBN 3-7736-0799-7
107 Seiten Text u. 64 Seiten mit 60 Bildern u. 9 Tafeln 48,– DM

46 **Die Eigenschaften einer AlZnMgCu-Legierung nach ausgewählten Kombinationen von Wärmebehandlung und Kaltumformung**
Von Dipl.-Ing. Karl Hankele ISBN 3-7736-0880-2
86 Seiten Text u. 51 Seiten mit 52 Bildern u. 4 Tafeln 45,– DM

47 **Kaltmassivumformen von Sintermetall**
Von Dipl.-Ing. Hans Dieter Schacher ISBN 3-7736-0881-0
84 Seiten Text u. 44 Seiten mit 47 Bildern u. 5 Tafeln. 42,– DM

48 **Rechnerunterstützte Arbeitsplanerstellung und Kostenrechnung beim Kaltmassivumformen von Stahl**
Von Dipl.-Ing. Peter Noack ISBN 3-7736-0882-9
216 Seiten Text u. 116 Seiten mit 134 Bildern u. 23 Tafeln. 65,– DM

49 **Beitrag zur beanspruchungsgerechten Auslegung von rotationssymmetrischen Fließpreßmatrizen**
Von Dipl.-Ing. Gunther Kramer ISBN 3-7736-0883-7
94 Seiten Text u. 53 Seiten mit 56 Bildern 48,– DM

50 **Erzeugung gratfreier Schnittflächen durch Aufteilen des Schneidvorgangs (Konterschneiden)**
Von Dipl.-Ing. Heinz Liebing ISBN 3-7736-0884-5
87 Seiten Text u. 51 Seiten mit 55 Bildern u. 4 Tafeln. 46,– DM

Die Berichte 1 bis 28 sind zu beziehen durch das Institut für Umformtechnik, Holzgartenstr. 17, 7000 Stuttgart 1
Die Berichte 29 bis 50 sind zu beziehen durch den Verlag W. Girardet, Postfach 9, 4300 Essen

51 **Berechnung der elastischen Eigenschaften von Baugruppen im Pressenbau**
Von Dipl.-Ing. Herbert Blum. ISBN 3-540-09804-6
151 Seiten mit 55 Abbildungen — 48,– DM

52 **Untersuchung der Verfahrensgrenzen beim 180°-Biegen von Fein- und Mittelblechen**
Von Dipl.-Phys. Wolfgang Schaub. ISBN 3-540-09881-X
65 Seiten mit 24 Abbildungen. — 38,– DM

53 **Abstreckgleitziehen von nichtrostenden austenitischen Stählen**
Von Dipl.-Ing. Jobst-H. Kerspe. ISBN 3-540-09882-8
109 Seiten mit 36 Abbildungen — 43,– DM

54 **Fließpressen von Stahl im Temperaturbereich 773 K (500 °C) bis 1073 K (800 °C)**
Von Dipl.-Ing. Ulrich Diether. ISBN 3-540-09959-X
165 Seiten mit 80 Abbildungen — 48,– DM

55 **Die numerisch gesteuerte Radial-Umformmaschine und ihr Einsatz im Rahmen einer flexiblen Fertigung**
Von Dipl.-Ing. Peter Metzger. ISBN 3-540-10073-3
158 Seiten mit 65 Abbildungen — 43,– DM

56 **Möglichkeiten zur Steuerung des Stoffflusses beim Ziehen großer unregelmäßiger Blechteile**
Von Dr.-Ing. Vladimir V. Hasek, CSc. ISBN 3-540-10074-1.
193 Seiten mit 96 Abbildungen — 48,– DM

57 **Beitrag zur Arbeitsgenauigkeit des Kaltmassivumformens**
Von Dipl.-Ing. Herbert Leykamm. ISBN 3-540-10363-5
165 Seiten mit 84 Abbildungen und 5 Tabellen — 48,– DM

58 **Untersuchungen über das Verjüngen von zylindrischen Vollkörpern**
Von Dipl.-Ing. Helmut Binder. ISBN 3-540-10466-6
146 Seiten mit 50 Abbildungen und 3 Tabellen — 43,– DM

59 **Umformverhalten legierter Sintereisen**
Von Dipl.-Ing. Manfred Stilz. ISBN 3-540-11051-8
170 Seiten mit 75 Abbildungen und 5 Tabellen — 48,– DM

60 **Interaktives Programmsystem zur Erstellung von Fertigungsunterlagen für die Kaltmassivumformung**
Von Dipl.-Ing. Michael Rebholz. ISBN 3-540-11052-6
121 Seiten mit 46 Abbildungen — 43,– DM

61 **Beitrag zum Ziehen von Blechteilen aus Aluminiumlegierungen**
Von Dipl.-Ing. Michael Blaich. ISBN 3-540-11067-4
141 Seiten mit 64 Abbildungen und 5 Tabellen — 43,– DM

62 **Auslegung von rotationssymmetrischen Fließpreßwerkzeugen im Bereich elastisch-plastischen Werkstoffverhaltens**
Von Dipl.-Ing. Thomas Neitzert. ISBN 3-540-11623-0
159 Seiten mit 51 Abbildungen — 53,– DM

63 **Fließpressen von Sintermetall im Temperaturbereich zwischen 873 K (600 °C) und 1173 K (900 °C)**
Von Dipl.-Ing. Wolfgang Schaub. ISBN 3-540-11678-8
160 Seiten mit 85 Abbildungen und 9 Tabellen — 53,– DM

64 **Rechnerunterstützte Konstruktion von Umformwerkzeugen und die Fertigungsplanung von Werkzeugelementen**
Von Dipl.-Ing. Dieter Steuss. ISBN 3-540-11856-X
178 Seiten mit 87 Abbildungen und 6 Tabellen — 53,– DM

65 **Möglichkeiten und Grenzen des Kaltgesenkschmiedens als eine fertigungstechnische Alternative für kleine, genaue Formteile**
Von Dipl.-Ing. Khang Hoang-Vu. ISBN 3-540-11876-4.
156 Seiten mit 62 Abbildungen und 5 Tabellen. — 53,– DM

Die Berichte 51 und folgende sind zu beziehen durch den Springer-Verlag, Berlin Heidelberg New York